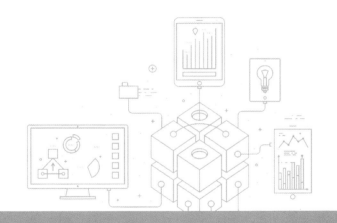

校企(行业)合作
系列教材

数据库原理及应用

王智明　车　艳◎主编

U0216328

厦门大学出版社　国家一级出版社
XIAMEN UNIVERSITY PRESS　全国百佳图书出版单位

前　言

数据库技术主要研究数据的分类、组织、编码、存储、检索和维护，是信息系统的核心技术。数据库技术是数据应用发展到一定程度时需要处理大量复杂、实时、并发数据以及管理数据任务而产生的。20 世纪 60 年代以来，随着社会信息化技术的迅猛发展，各种类型数据库应用系统层出不穷，渗透到了人们生活的方方面面。

"数据库原理"是计算机及相关专业的一门专业基础课程，其理论性、实践性和应用性都很强，既有抽象的关系数据库基础理论，又有数据库设计与开发等实践性强的内容，理论与实践相辅相成。培养高素质的应用型人才需要从好的教材开始，为此，我们邀请长期在教学第一线的"数据库原理"课程组教师，从我校本科生实际情况出发，以培养实践能力为目标，把理论知识和实验内容重新整合，以期在提高学生实践能力的同时，也能促进他们对理论知识的深度理解，较好地提高课程的总体教学效果。

本教材以应用型人才培养为目标，以"原理精练，应用优先"为原则，对教学内容进行了重置，对理论部分进行了取舍，增加了应用知识部分的篇幅。教材以原理和应用两条主线贯穿全书，特别偏重于理论和应用内容的有机结合，循序渐进，并通过大量实际案例来加深学生对"数据库原理"课程的理解与认识，尽量避免学生学习过程的枯燥，知识点的隐晦难懂。

本教材的特色是内容通俗易懂，由易到难，以实例数据库为主线贯穿本书的始末，吸收校外实践基地的实际案例和最新编程技术，使读者在学习了本书之后，能够快速掌握数据库的相关理论知识，并能够熟练运用 SQL Server 2014 进行相应的数据库管理。期望本书的出版，能提高学生的实践动手能力，改善课程的教学效果，以更好地实现向应用型人才培养的转型。

本书第 4～6 章内容由车艳教授编写（共 10.4 万字），其他内容由王智明副教授编写（共 11.6 万字）并负责全书统稿。感谢中软国际（厦门）公司吴章勇副总经理为实践环节提出了不少有益的意见，同时为本书第 3 至 7 章的内容设计提供了很好的案例资源、实例数据库和程序源代码。感谢厦门正航软件科技有限公司网络工程师唐莉莉在课程案例业务流程分析与设计方面提供的技术支持。另外,本书作为校企合作的一项成果,得到了莆田学院、中软国际(厦门)公司和厦门大学出版社的大力支持和协助;本书文稿在内容组织、案例选取、代码调试过程中,得到了莆田学院信息工程学院多位同事的无私帮助,借此机会一并表示由衷的感谢!

本书适用于数据库相关课程的教学,也适用于数据库原理、SQL Server 2014 的初学者由浅入深、循序渐进学习,同时也可作为数据库管理和开发人员的阅读参考书。

鉴于作者水平所限,书中不足之处在所难免,敬请广大读者批评指正。

编　者

2018 年 11 月于莆田学院

目　录

第1章　SQL Server 概述

SQL Server 2014 为用户提供了强大的、界面友好的使用工具,它延续了之前版本数据平台强大的能力,能够快速地构建相应的解决方案,实现数据的扩展与应用的迁移等。SQL Server 2014 有企业版(enterprise edition)、商业智能版(business intelligence edition)、标准版(standard edition)、网络版(web edition)、开发版(developer edition)和快捷版(express edition),根据需要和运行环境,用户可以选择不同的版本。

本章学习目标
➢了解 Microsoft SQL Server 的发展历程。
➢了解 SQL Server 组件。
➢了解 SQL Server 2014 安装的需求和具体步骤。
➢了解 Microsoft SQL Server 2014 的常用工具。

1.1　SQL Server 发展历程

SQL Server 是典型的关系数据库管理系统,最早由 Microsoft、Sybase 和 Ashton-Tate 3 家公司共同研发,并在 1988 年推出了第一个基于 OS/2 的版本。

1993 年,Microsoft 将其移植到 Windows NT 操作系统平台上,3 家公司从此"分道扬镳"。

1995 年,Microsoft 推出了 SQL Server 6.0 版本,这也是第一个完全由 Microsoft 公司独立开发的版本。

1996 年,Microsoft 进一步推出了 SQL Server 6.5,满足了众多小型商业数据管理的应用需求,曾风靡一时。

1998 年,Microsoft 公司发布的 SQL Server 7.0 版本,对核心数据库引擎进行了重新改写,提供了中小型企业应用数据库功能支持,也是使得 SQL Server 得到广泛应用的第一个版本。

2000 年,Microsoft 公司发布的 SQL Server 2000 继承了 SQL Server 7.0 版本的优点,同时具有更好的可用性和可伸缩性,提高了与相关软件的集成程度,提供了企业级的数据库功能,既支持 Windows 98 个人电脑,也支持 Windows 2000 服务器等多种平台。

2005 年,Microsoft 发布的 SQL Server 2005 版本,强化了数据管理功能和智能数据分析功能,可构建高可用和高性能的数据库应用程序,能有效完成数据仓库和电子商务中具有挑战的任务,提供有效的商业智能(bussiness intelligence,BI)解决方案。从 SQL Server 2005 版本开始,操作界面发生了根本变化,对数据库的操作更加方便简洁,后面的版本一直延续了这种界面与风格。

2008 年,Microsoft 公司发布的 SQL Server 2008 版本增加了许多新特性,将结构化、半结构化、非结构化 3 类文档直接保存在数据库中,以满足数据爆炸时代的要求,性能方面也较 2005 版本稳定。

2012 年,Microsoft 公司发布的 SQL Server 2012 版本顺应云技术发展的需要,提供了对云技术的全面支持,在数据存储、数据分析方面提供了全新的基于云技术的数据分析操作平台。

2014 年,Microsoft 公司发布的 SQL Server 2014 版本提供了内存数据库(in-memory)增强技术,整合了云端各种数据结构,提供了全新的混合云解决方案,在快速处理海量数据方面有了明显的性能改进,迎合了大数据时代的发展需求。本教材的内容以及课堂实例都是基于 Microsoft SQL Server 2014 版本。

1.2 SQL Server 2014 组件

SQL Server 组件为实现数据库管理系统(database management system,DBMS)软件高性能的数据管理、智能数据分析提供了支持,常见组件如下。

1.2.1 SQL Server 数据库引擎

数据库引擎作为 SQL Server 的核心组件,除了完成数据的存储、处理和保护,还包含了复制、全文搜索以及其他管理数据的工具。

1.2.2 分析服务

分析服务(Analysis Services)为商业智能应用程序提供联机分析处理(on-line analytical processing,OLAP)、数据挖掘等功能服务。OLAP 是一种软件技术,能够帮助分析人员快速、交互地从不同角度深入分析数据,分析的结果来自原始数据,只是用用户易于理解的方式呈现出来。而数据挖掘则可能从海量数据中发现有价值的数据或者超出预期的信息。

1.2.3 报表服务

报表服务(Reporting Services)用于创建和发布报表及报表模型的图形工具和向导,以及用于对报表服务对象模型进行编程和扩展的应用程序编程接口。报表服务能够从不同的、多维的数据源中提取内容,然后以各种不同格式来查看报表,同时实现安全性管理和订阅。报表可基于 Web 连接进行查看,也可作为 Windows 应用程序的一部分或 SharePoint 门户进行查看。

1.2.4　集成服务

集成服务(Integration Services)生成高性能数据集成和工作流解决方案,是对 SQL Server 数据转换服务(data transfer service,DTS)、数据导入/导出功能的扩充,高效率处理各种不同数据源,实现数据的提取、转换、加载等。

1.2.5　主数据服务

主数据服务(Master Data Services)是从 SQL Server 2008 R2 版本开始新增的具有商业智能特性的组件,为企业提供权威信息来源,为其他应用提供权威引用。通过主数据服务配置,实现对产品、客户、账户等的管理。

此外,SQL Server 2014 提供了大量图形化管理工具,包括 SQL Server 2014 Management Studio、SQL Server 配置管理器、SQL Server Profiler 等,使用这些工具使得数据管理变得简单、便捷、高效。

1.3　SQL Server 2014 的安装

本节将介绍 SQL Server 2014 系统安装时的系统软硬件需求与安装具体步骤。

1.3.1　安装 SQL Server 2014 的系统需求

虽然 FAT32 文件系统支持 SQL Server 2014 版本的安装,但从安全性角度考虑,建议 SQL Server 2014 安装在 NTFS 文件系统上。SQL Server 2014 对计算机的硬件和软件有一定要求,安装过程最好保持网络连接可用,以便下载一些必要的组件。

在软件方面,.NET Framework 3.5 SP1 是必须预先安装的,SQL Server Management Studio(SSMS)的运行需要用到.NET Framework 3.5 SP1 的类库和方法。若安装电脑上没有预先安装.NET Framework 3.5 SP1,则安装 SQL Server 2014 初始会要求下载.NET Framework 3.5 SP1 并安装。SQL Server 2014 各版本对 Windows 操作系统的要求见表 1-1。

表 1-1　SQL Server 2014 不同版本适用的 Windows 操作系统

版　　本	适用的操作系统	
	32 位	62 位
企业版	Windows Server 2008 及以上版本	Windows Server 2008 及以上版本
商业智能版	Windows Server 2008 及以上版本	Windows Server 2008 及以上版本
标准版	Windows 7,Windows Server 2008 及以上版本	Windows 7,Windows Server 2008 及以上版本

续表

版　本	适用的操作系统	
	32 位	62 位
Web 版	Windows 7，Windows Server 2008 及以上版本	Windows 7，Windows Server 2008 及以上版本
开发版	Windows 7，Windows Server 2008 及以上版本	Windows 7，Windows Server 2008 及以上版本
精简版	Windows 7，Windows Server 2008 及以上版本	Windows 7，Windows Server 2008 及以上版本

　　在硬件方面，SQL Server 2014 安装最低内存要求：Express 版 512 MB，其他版本 1 GB。为确保最佳的性能，建议：Express 版 1 GB，其他版本不少于 4 GB。SQL Server 2014 硬盘空间要求不少于 6 GB，具体需求空间还取决于选择安装的功能组件，具体见表 1-2。

表 1-2　SQL Server 2014 功能组件对硬盘空间的需求

安装的功能组件	硬盘空间需求
数据库引擎和数据文件、复制、全文搜索以及 Data Quality Services	811 MB
Analysis Services 和数据文件	345 MB
Reporting Services 和报表管理器	304 MB
Integration Services	591 MB
Master Data Services	243 MB
客户端组件	1 823 MB
SQL Server 联机丛书	200 MB

1.3.2　SQL Server 2014 的安装步骤

　　SQL Server 2014 具体的安装步骤如下：先到微软公司官方网站 https://www.microsoft.com/zh-cn/下载 SQL Server 2014，比如标准版。再将下载的文件解压，在解压后的目录中找到 setup.exe，双击即可进入"SQL Server 安装中心"对话框。

1. SQL Server 安装中心

　　在"SQL Server 安装中心"对话框（图 1-1）中，点击"安装"选项卡，然后在选项卡右侧中，选择"全新 SQL Server 独立安装或向现有安装添加功能"项。

2.安装程序支持规则

　　在"许可条款"对话框中选择"我接受许可条款"，进入"安装程序"窗口，如图 1-2 所示。该步骤会对系统进行简要检测，以确定系统是否适合安装所选的 SQL Server 版本。

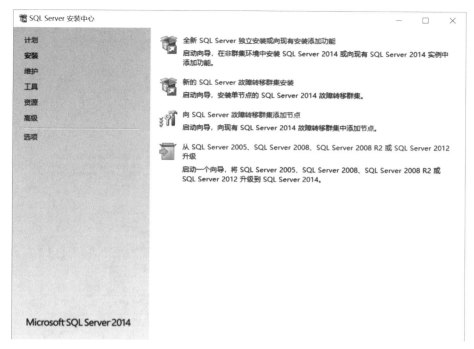

图 1-1　"SQL Server 安装中心"对话框

图 1-2　安装前检测

3."功能选择"窗口

点击"下一步"按钮后,进入"功能选择"对话框,如图 1-3 所示。点选某项功能时,对话框右侧会有相应功能的详细描述,同时在"所选功能的必备组件"框中显示需要安装的组件;对话框的下方,还可改变实例根目录和共享目录的具体路径,这里单击"全选"按钮选择安装全部功能。

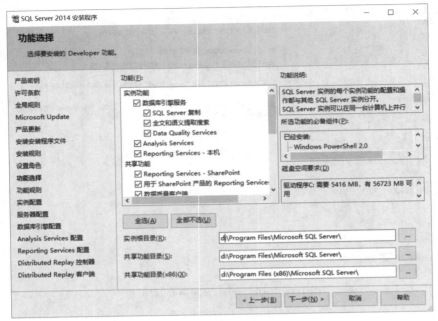

图 1-3 "功能选择"对话框

4.进入"实例配置"窗口

系统默认选"默认实例"项,系统已自动命名为 MSSQLSERVER,如图 1-4 所示。

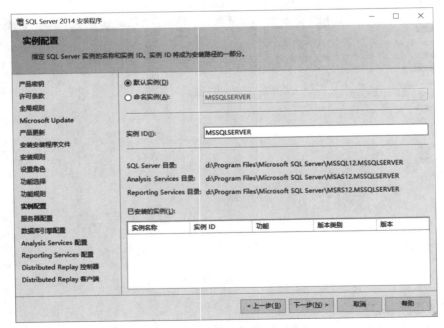

图 1-4 "实例配置"对话框

5.“服务器配置”窗口

点击“下一步”按钮后，进入“服务器配置”对话框，可为每个服务设置账户和密码，同时还可以设置服务的启动类型为自动或手动，通常将不常使用的服务设置为手动，以免电脑开启时自动运行这些服务而导致系统资源浪费，具体如图 1-5 所示。

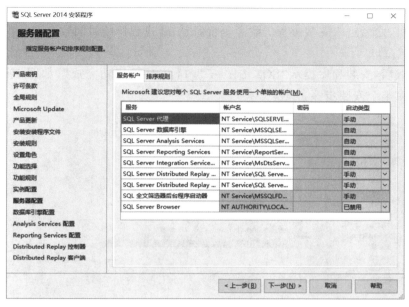

图 1-5　“服务器配置”对话框

6.“数据库引擎配置”窗口

点击“下一步”按钮后，进入“数据库引擎配置”对话框，点击“添加当前用户”按钮，在“指定 SQL Server 管理员”框中自动填入 LAPTOP-CFQM1KSN\wzm(wzm)，如图 1-6 所示。身份验证方式有两种：

图 1-6　“数据库引擎配置”对话框

（1）Windows 身份验证模式，就是以 Windows 用户作为 SQL Server 的登录用户。

（2）混合模式代表 SQL Server 身份验证和 Windows 身份验证都可以登录服务器。

7."Analysis Services 配置"窗口

点击"下一步"按钮后，依次进入"Analysis Services 配置""Reporting Services 配置""Distributed Replay 控制器"等对话框，点击"添加当前用户"按钮，如图 1-7 所示。其余按默认选项即可，之后进入安装进程。耐心等待，该安装进程持续时间较久。

8."完成"窗口

安装完成后，安装程序提示"SQL Server 2014 安装已成功完成"，如图 1-8 所示，点击"关闭"即结束整个安装步骤。

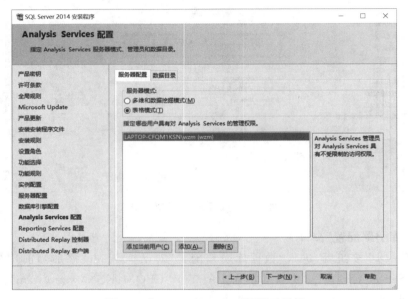

图 1-7 "Analysis Services 配置"对话框

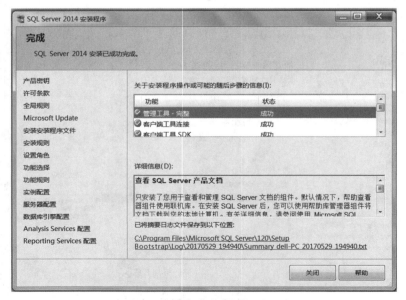

图 1-8 安装完成对话框

1.4　SQL Server 2014 常用工具

Microsoft SQL Server 2014 系统为用户提供了大量图形化的管理工具,使用这些工具, 可实现对系统简单、快捷的管理。本节主要介绍 Microsoft SQL Server Management Studio (SSMS)和 SQL Server Business Intelligence Development Studio(BIDS)这两种管理工具。

1.4.1　Microsoft SSMS

SSMS 是一个可以实现访问、配置、控制、管理和开发 SQL Server 的集成环境。SSMS 工具最早在 SQL Server 2005 版本中使用,它将早期版本的企业管理器、查询分析器和分析 管理等功能整合到了一起。Microsoft SSMS 工具集成了图形化工具、脚本编辑器,为各类 数据库开发人员和数据库管理人员提供了便捷的 DBMS 操作平台。Microsoft SSMS 工具 的主窗口如图 1-9 所示。

图 1-9　Microsoft SSMS 工具

由图 1-9 可以看到,Microsoft SSMS 工具主窗口包括“已注册的服务器”“对象资源管 理器”“查询编辑器”“结果/消息”“模板浏览器”等,其中“对象资源管理器”窗口位于主窗口 左侧位置,用于管理各类数据库对象资源(数据库、表、索引等);“查询编辑器”窗口位于主 窗口中间部分,用于编写 Transact-SQL 脚本,“查询编辑器”中不同的代码关键字使用不同 颜色加以区别,运行和调试代码也很方便,是一个非常实用的工具。

1.4.2　SQL Server BIDS

在 SQL Server 2014 版本之前,BIDS 都是在数据库安装包中,安装后即可使用。但自 SQL Server 2014 版本开始,需单独安装。

BIDS 集成了专用于 SQL Server 商业智能的其他项目类型的 Microsoft Visual Studio,

是一个用于开发商业解决方案的平台。BIDS 包括了 Analysis Services、Integration Services、Reporting Services 等项目,每个项目类型都提供了商业智能应用解决方案对应的模板,而且包含了处理这些对象所需的各种设计器、工具和向导。例如,在 BIDS 中,可以使用 Analysis Services 分析数据源、创建多维数据集与挖掘模型;使用 Integration Services 创建提取、转换和加载(ETL)包;使用 Reporting Services 设计报表,然后将整个解决方案部署到测试环境或生产环境中。

1.5 本章小结

本章首先介绍了 Microsoft SQL Server 的发展历程和常见组件,接着简单介绍安装 Microsoft SQL Server 2014 的系统需求,包括软件需求和硬件需求,之后通过图文形式介绍了 Microsoft SQL Server 2014 具体的安装步骤。学生通过本章的学习,能对 Microsoft SQL Server 2014 软件平台有初步的了解,能够自己独立安装 Microsoft SQL Server 2014 软件,为后期的深入学习做好必要的基础准备。

第 2 章　Transact-SQL 语言基础

Transact-SQL 的缩写为 T-SQL，是 SQL Server 的核心。SQL 是用来访问和操作数据库系统的一种高级的非过程化编程语言，而 Transact-SQL 则是微软公司在 SQL 标准语言的基础上扩展而成的结构化编程语言，广泛使用于 SQL Server 2014 系统管理、复杂查询、系统开发等应用中。本章将主要介绍扩展部分的语言元素，如常量与变量，运算符与表达式，流程控制语句，系统内置函数与用户自定义函数等，通过对这些语句元素的组织，能够实现对 SQL Server 2014 的灵活操作。

本章学习目标
➢ 了解 Transact-SQL 基本语言元素。
➢ 了解 Transact-SQL 系统内置函数。
➢ 熟悉 Transact-SQL 用户自定义函数的应用。

2.1　SQL 脚本和注释

2.1.1　脚　本

在查询设计器中，把一个或多个批处理组织在一起就形成一个脚本文件。在需要重复执行代码或者不同计算机需要交换代码的场合，使用脚本文件显得非常方便。可在查询设计器中方便地对脚本文件进行编辑、调试和执行，如图 2-1 所示。

```
SQLQuery1.sql - (local).master (sa (53))*
DECLARE @todayDate char(10), @dispStr varchar(20) --定义两个局部变量
 SET @todayDate =GETDATE()          --给变量@todayDate赋值
 SET @dispStr ='今天的日期为：'       --给变量@dispStr赋值
 PRINT @dispStr + @todayDate        --显示局部变量的内容
 GO

declare  @x int,@y int
 set @x=8
 set @y=-3
if @x>0
  if @y>0
     print'@x@y位于第一象限'
  else
     print'@x@y位于第四象限'
else
  if @y>0
     print'@x@y位于第二象限'
  else
     print'@x@y位于第三象限'
```

图 2-1　脚本编辑环境

11

2.1.2 注 释

注释是不能执行的说明性文字。在长程序中添加注释,不仅可使程序易懂,也方便后期代码的维护。SQL Server 2014 支持行内注释和块注释两种形式。

1.行内注释

行内注释指从使用双连字符"––"开始,直到行尾均为注释部分,双连字符"––"前面可以有执行的代码。如果需要多行注释,则每行都要使用双连字符。

2.块注释

块注释指使用/* …… */标注,从开始注释字符"/*"到结束字符"*/",中间所有内容均为注释部分。

2.2 常量与变量

2.2.1 常 量

常量是指在程序执行过程中始终保持不变的量。按照不同类型,常量可分为字符型常量、整型常量、实型常量、日期时间型常量、货币型常量和唯一标识常量。

1.字符型常量

字符型常量用单引号括起来,如' hello '、' It is a book!'。Unicode 字符集中每个字符都采用两个字节存储。表示 Unicode 常量时,需要以大写 N 打头以示区分,如 N ' It is a book!'。

2.整型常量

整型常量根据不同表示形式,又可细分为二进制、十进制和十六进制。二进制:由数字 1 和 0 构成。十进制:如 4523、−443。十六进制:以 0x 开头,如 0xefd52a。

3.实型常量

实型常量分为定点和浮点两种表示方法。定点表示:如 435.504、42.5、−3424.51。浮点表示:采用科学计数法表示数字,如 5.3E9、−45E53。

4.日期时间型常量

日期时间型常量使用单引号表示,如' 2017-05-08 15:55:45.025 '、' 2018-11-18 '。

5.货币型常量

货币型常量以符号 \$ 作为前缀,如 \$ 2274、\$ 345.25。

6.唯一标识常量

唯一标识常量一般使用字符或十六进制字符串来指定,如 0x3a5fed5ke438。

2.2.2 局部变量和全局变量

变量是编写程序时不可或缺的元素,它又可分为局部变量和全局变量。局部变量是临时存储单元,可用于批处理时不同 SQL 语句间传递数据;而全局变量则是系统给定的一种特殊变量。

1.局部变量

局部变量名总是以 @ 符号开始,最长为 128 个字符。使用关键字 DECLARE 定义局部变量时,需要给定变量的名字、数据类型以及需要的长度。

【例 2-1】定义两个局部变量,显示当前的年份。

首先定义两个局部变量 @thisyear、@a,数据类型分别为固定 4 个字节长度、变长 20 个字节,然后为变量赋值,其中函数 GETDATE()用于获取当前日期,函数 YEAR()用于获取日期中的年份部分,最终输出结果。

```
DECLARE @thisyear char(4),@a varchar(20)  --定义两个局部变量
SET @thisyear=YEAR(GETDATE())  --为变量@thisyear 赋值
SET @a='今年是:'  --为变量@a 赋值
PRINT @a+@thisyear+'年'  --显示结果内容
GO
```

运行结果如图 2-2 所示。

图 2-2 【例 2-1】的运行结果

【例 2-2】查询 7 号产品的名称、价格信息,并分别保存到变量 @name、@price 中,最后用 PRINT 命令输出变量值。

```
--定义局部变量
DECLARE @name varchar(10)
DECLARE @price money
SELECT @name=产品名称,@price=单价 FROM 产品   WHERE 产品 ID=7
PRINT @name+CAST(@price AS CHAR(10))
```

运行结果如图 2-3 所示。

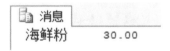

图 2-3 【例 2-2】的运行结果

2.全局变量

全局变量是 SQL Server 2014 系统内部以"@@"开头的变量,有别于局部变量的作用范围有限,全局变量可以在不同的程序中调用。全局变量是只读的,一般用来反映 SQL Server 服务器当前状态的信息,用户只能读取而无法对它们的值直接进行修改。同时全局变量是系统自动定义和维护的,不需要用户进行定义。用户在定义局部变量名称时需要注意,局部变量名不能与系统预留的全局变量名冲突。

（1）系统统计类全局变量：

@@CONNECTIONS：上次启动 SQL Server 以来连接或试图连接的次数。

@@CPU_BUSY：本次启动以来 CPU 工作的时间。

@@IDLE：本次启动以来 CPU 空闲的时间。

@@IO_BUSY：CPU 处理输入、输出耗费的时间。

@@PACKET_ERRORS：SQL Server 网络数据包出错的数量。

@@PACK_RECEIVED：接收到的数据包数量。

@@PACK_SENT：发送出去的数据包数量。

@@TIMETICKS：返回一个计时单位的微秒数。

@@TOTAL_ERRORS：磁盘读写错误次数统计。

@@TOTAL_READ：读磁盘的次数。

@@TOTAL_WRITE：写磁盘的次数。

（2）系统配置类全局变量：

@@DATEFIRST：表示每周的第一天是星期几，如值为 1，则表明每周第一天是星期一。

@@DABTS：返回当前数据类型 timestamp 的数值。

@@LANGID：当前使用的语言标识符。

@@LOCK_TIMEOUT：设定锁定超时时间，单位为毫秒（ms）。

@@MAX_CONNECTIONS：允许 SQL Server 同时连接的最大连接数目。

@@MAX_PRECISION：设置数据类型 decimal 与 numeric 的精度。

@@NESTLEVEL：当前存储过程的嵌套层数。

@@REMSERVER：返回注册的远程数据服务器的名称。

@@SERVERNAME：SQL Server 本地服务器的名称。

@@SPID：表示服务器处理标识符。

@@TEXTSIZE：可以指定查询语句返回数据类型 text、image 值的最大长度。

@@VERSION：当前 SQL Server 服务器的日期、处理器类型等版本信息。

【例 2-3】利用全局变量查看 SQL Server 2014 当前所使用的语言、SQL Server 实例允许同时进行的最大用户连接数以及 SQL Server 系统版本信息。

```
PRINT '当前所用语言的名称:'+@@LANGUAGE
PRINT 'SQL Server 实例最大用户连接数:'+CAST(@@MAX_CONNECTIONS AS CHAR(20))
PRINT '——————————版本信息——————————'
/* 返回当前的 SQL Server 安装的版本、处理器体系结构、生成日期和操作系统。 */
PRINT @@VERSION
```

2.3　函　数

函数是程序设计语言中非常重要的组成部分。SQL Server 2014 提供了丰富的几大类系统内置函数供用户直接调用,大大增强了 SQL 语言的功能。这些函数一般可以接受零个或者多个输入参数,并返回一个输出结果。此外,用户也可以根据需要,自己编写用户自定义函数。

2.3.1　内置函数

Microsoft SQL Server 2014 提供了大量不同类型的内置函数:聚合函数、字符串函数、日期和时间函数、数学函数、元数据函数、排名函数、转换函数、行集函数、安全函数、加密函数、游标函数、系统函数、配置函数、系统综合函数、文本和图像函数,每种类型函数可以完成特定类型的操作,可以通过联机丛书查看相应函数的具体语法使用。以下就列举一些比较常见的函数。

1. 聚合函数

聚合函数对一组值进行运算并返回单个值。除了 COUNT 函数,聚合函数运算时会忽略空值。以下为常用的聚合函数:

SUM、AVG:对表达式求总和、平均值。

MAX、MIN:对表达式求最大值、最小值。

COUNT、COUNT_BIG:对表达式统计个数,其中 COUNT 函数值为 int 型,而 COUNT_BIG 是 bigint 型。

STDDV、STDEVP:对表达式求标准偏差、总体标准偏差。

VAR、VARP:对表达式求方差、总体方差。

2. 数学函数

数学函数用来对数值型数据进行数学运算。以下为常用的数学函数:

ABS(数值表达式):计算表达式的绝对值。

PI():返回圆周率的值。

SIN(浮点表达式):返回角的正弦值。

COS(浮点表达式):返回角的余弦值。

COT(浮点表达式):返回角的余切值。

TAN(浮点表达式):返回角的正切值。

ACOS(浮点表达式):计算浮点表达式的反余弦值(弧度)。

ASIN(浮点表达式):计算浮点表达式的反正弦值(弧度)。

ATAN(浮点表达式):计算浮点表达式的反正切值(弧度)。

ATAN2(浮点表达式 1,浮点表达式 2):返回其正切值是两个表达式之商的角(弧度)。

CEILING(数值表达式):计算大于等于数值表达式的最小整数值。

FLOOR(数值表达式):计算小于等于数值表达式的最大整数值。

DEGREES(数值表达式):将弧度转换为度。

RADIANS(数值表达式):将度转换为弧度。

EXP(浮点表达式):计算数值的指数形式。

LOG(浮点表达式):计算数值的自然对数值。

LOG10(浮点表达式):计算以 10 为底的浮点数相应对数。

POWER(数字表达式,n):计算数字表达式值的 n 次幂的值。

RAND(整型表达式):返回 0 到 1 间的一个随机数。

ROUND(数值表达式,n):将数值四舍五入为 n 位小数位。

SIGN(数值表达式):符号函数,正数函数值为 1,负数为 -1,0 返回值为 0。

SQUARE(浮点表达式):计算浮点表达式的平方。

SQRT(浮点表达式):计算浮点表达式的平方根。

【例 2-4】使用 SQL 语句来计算数学函数的值。

```
SELECT CEILING(5.6),CEILING(-6.4)        --取比表达式更大且最接近的整数
SELECT FLOOR(5.6),FLOOR(-6.4)            --取比表达式更小且最接近的整数
SELECT ROUND(123.4563,3),ROUND(123.4567,3)    --四舍五入,保留 3 位小数
SELECT ROUND(123.4567,0),ROUND(123.4567,-1),ROUND(123.4567,-2)
```

运行结果如图 2-4 所示。

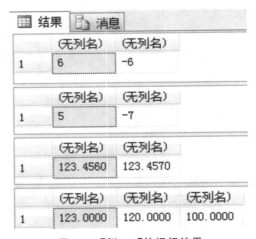

图 2-4 【例 2-4】的运行结果

【例 2-5】使用 SQL 语句来计算数学函数的值。

```
DECLARE @COUNTER SMALLINT
SET @COUNTER=1
WHILE @COUNTER <=50                    --循环语句,控制产生 50 个随机数
BEGIN
   SELECT FLOOR(RAND() * 10)随机数      --产生 0~9 范围内的随机整数
   SET @COUNTER=@COUNTER+1
END
```

运行结果如图 2-5 所示。

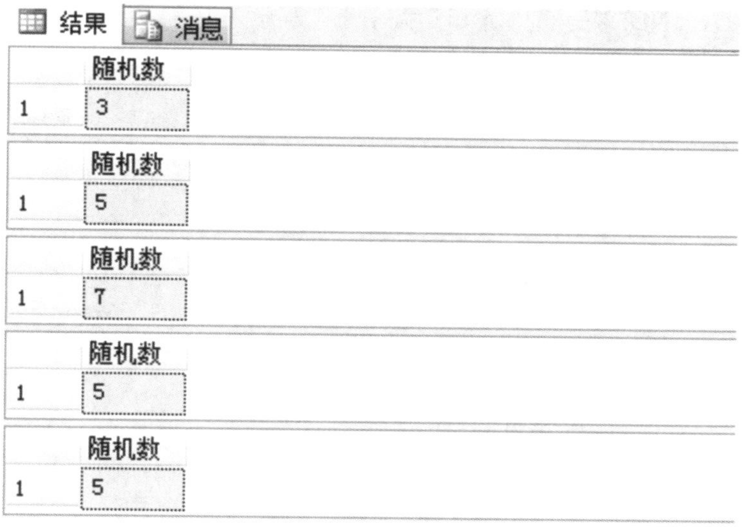

图 2-5　【例 2-5】的运行结果

3.字符串函数

字符串函数可实现对字符串的操作,如连接、截取等,是使用较多的函数。以下为常用的字符串函数:

ASCII(字符表达式):返回第一个即最左边字符的 ASCII 值。

CHAR(整型表达式):将 ASCII 码转换为对应的字符。

SPACE(整型表达式):得到 n 个空格字符串。

LEN(字符表达式):统计字符表达式中字符的个数。

RIGHT(字符表达式,n):截取字符表达式中右边 n 个字符。

LEFT(字符表达式,n):截取字符表达式中左边 n 个字符。

SUBSTRING(字符表达式,起始点,n):从"起始点"开始截取连续 n 个字符。

STUFF(字符表达式 1,a,n,字符表达式 2):将字符表达式 1 中从 a 开始连续的 n 个字符用字符表达式 2 替换。

LTRIM(字符表达式):去除表达式左边的空格。

RTRIM(字符表达式):去除表达式右边的空格。

LOWER(字符表达式):字符表达式中的字母全部转换为小写。

UPPER(字符表达式):字符表达式中的字母全部转换为大写。

REVERSE(字符表达式):对字符表达式进行逆序处理。

CHARINDEX(字符表达式 1,字符表达式 2,[起始位置]):返回字符表达式 1 在字符表达式 2 中首次出现的起始位置。

STR(浮点表达式[,长度[,小数]]):将浮点转换为指定长度的字符串。

【例 2-6】测试"信息"在字符"莆田学院信息工程学院"和"莆田学院 PTU 信息工程学院"中的位置。

```
PRINT   '——————————起始位置1——————————'
PRINT CHARINDEX('信息','莆田学院信息工程学院')
PRINT   '——————————起始位置2——————————'
DECLARE @Str VARCHAR(20)
SET @Str='莆田学院 PTU 信息工程学院'
PRINT CHARINDEX('信息',@Str)
PRINT   '——————————起始位置3——————————'
PRINT CHARINDEX('信息','莆田学院 PTU 信息工程学院')
GO
```

运行结果如图 2-6 所示。

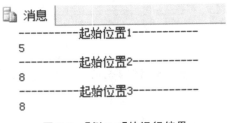

图 2-6 【例 2-6】的运行结果

【例 2-7】 函数 SUBSTRING(s,n1,n2)，实现从字符串 s 中截取一部分的字符串，即从起始位置 n1 起，截取连续 n2 个字符。

```
DECLARE @str1 char(20),@str2 char(20)
SET @str1=' SUBSTRING 函数习题'
SET @str2='正在测试 SUBSTRING 函数'
SELECT SUBSTRING(@str1,5,10)
SELECT SUBSTRING(@str2,5,10)
```

运行结果如图 2-7 所示。

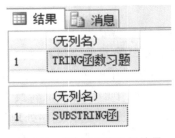

图 2-7 【例 2-7】的运行结果

4.日期和时间函数

日期和时间函数实现对日期、时间类型的数据进行各种不同的处理和运算，并返回一个字符串、数字值或日期和时间值。以下为常用的日期和时间函数：

DATEADD(datepart,number,date)：以 datepart 指定的方式,计算 date 加上 number。

DATEDIFF(datepart,date1,date2)：以 datepart 指定的方式,计算 date2 与 date1 两个日期的差值。

DATENAME(datepart,date)：返回日期 date 中 datepart 指定部分所对应的字符串。

DATEPART(datepart,date)：返回日期 date 中 datepart 指定部分所对应的整数值。

GETDATE()：返回系统当前的日期和时间。

YEAR(date)：截取日期 date 中年份部分的值。

MONTH(date)：截取日期 date 中月份部分的值。

DAY(date)：截取日期 date 中日期部分的值。

【例 2-8】GETDATE()函数用于获取系统日期和时间;YEAR()函数可取出日期型表达式的年份部分;在某一日期时间值往前或往后一段时间,可使用 DATEADD()函数;计算两日期之间差值,如相差多少年、多少天等,可以使用 DATEDIFF()函数。

```
SELECT GETDATE()   --获取当前日期和时间
SELECT YEAR(GETDATE())   --获取当前年份
SELECT DATEADD(dd,10,GETDATE())   --获得当前日期往后 10 天的日期
SELECT DATEDIFF(yy,' 2006-05-17 ',GETDATE())   --计算某生日为 20060517
                                                 的人的年龄
```

运行结果如图 2-8 所示。

图 2-8　【例 2-8】的运行结果

【例 2-9】通过设置 CONVERT 函数的 style 参数,将函数 GETDATE()的日期值用不同格式的字符串输出来。

```
SELECT DATENAME(year,getdate())   AS   当前年份
SELECT DATENAME(month,getdate())   AS   当前月份
SELECT ' 101 '=CONVERT(char,GETDATE(),101),
' 1 '=CONVERT(char,GETDATE(),1),
' 112 '=CONVERT(char,GETDATE(),112)
```

19

运行结果如图 2-9 所示。

图 2-9 【例 2-9】的运行结果

此处说明一下函数 CONVERT(<data_ type>[length],<expression>[,style]),这里 style 是在日期时间型数据转换为字符串时,用于指定不同的输出格式。SQL Server 提供的样式编号见表 2-1。

表 2-1 SQL Server 提供的样式编号

不带世纪数位	带世纪数位	标　准	日期格式
—	0 或 100	默认值	mon dd yyyy hh:miAM(或 PM)
1	101	美国	mm/dd/yyyy
2	102	ANSI	yy.mm.dd
3	103	英国/法国	dd/mm/yy
4	104	德国	dd.mm.yy
5	105	意大利	dd-mm-yy
6	106	—	dd mon yy
7	107	—	mon dd,yy
8	108	—	hh:mm:ss
—	9 或 109	默认值＋毫秒	mon dd yyyy hh:mi:ss:mmmAM(或 PM)
10	110	美国	mm-dd-yy
11	111	日本	yy/mm/dd
12	112	ISO	yymmdd
—	13 或 113	欧洲默认值＋毫秒	dd mon yyyy hh:mm:ss:mmm(24h)
14	114	—	hh:mi:ss:mmm(24h)
—	20 或 120	ODBC 规范	yyyy-mm-dd hh:mm:ss[.fff]
—	21 或 121	ODBC 规范(带毫秒)	yyyy-mm-dd hh:mm:ss[.fff]
—	126	ISO8601	yyyy-mm-dd Thh:mm:ss:mmm(不含空格)
—	130	科威特	dd mon yyyy hh:mi:ss:mmmAM
—	131	科威特	dd/mm/yy hh:mi:ss:mmmAM

【例 2-10】数据库 Company 有一张"雇员"表,该表中记录了每位员工的出生日期,本例题使用 DATEDIFF()、GETDATE()函数,获取每位员工的年龄。

```
USE Company
SELECT 姓名,DATEDIFF(YEAR,出生日期,GETDATE())AS 年龄
FROM 雇员
```

运行结果如图 2-10 所示。

	姓名	年龄
1	刘伟庭	34
2	肖伟	40
3	陈吉州	29
4	刘杰斌	34
5	柯俊杰	37
6	谢晓晴	35
7	方志杰	42
8	高宇	33
9	王东来	33

图 2-10　【例 2-10】的运行结果

5.转换函数

在 SQL Server 2014 系统中,有些数据类型之间不允许转换,有些数据类型之间则会自动进行转换,还有的数据类型必须显式地进行转换。常用到的转换函数有 CAST 和 CONVERT。

(1)CAST 函数语法格式为:CAST(表达式 AS 数据类型)。将表达式转换成需要的数据类型,即任何 SQL Server 2014 系统支持的数据类型。

【例 2-11】第 22 届世界杯足球赛决赛将于 2022 年 11 月 21 日在卡塔尔举行,设计一个倒计时,显示当前日期和距离世界杯开幕的天数。

```
PRINT '当前时间是'+CAST(GETDATE()AS CHAR(20))
PRINT '距离下一届世界杯还有'+CAST(DATEDIFF(day,GETDATE(),'2022/11/21')AS CHAR(5))+'天。'
```

运行结果如图 2-11 所示。

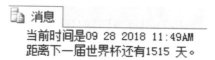

图 2-11　【例 2-11】的运行结果

(2)CONVERT 函数语法格式为:CONVERT(数据类型[(长度)],表达式[,style])。

使用 CONVERT 函数可以设定转换后数据的样式，但同样只能转换成 SQL Server 2014 系统有效的数据类型。

【例 2-12】使用 CONVERT 函数，将 3 种不同类型的数据：日期 DATETIME、实数 EREAL、货币 MONEY，转换成不同格式并显示出来。

```
SET DATEFORMAT mdy   --日期格式设置为(月日年)
DECLARE @d DATETIME,@r REAL,@m MONEY
SET @d='09.23.18 13:35:25 PM'
SET @r=12345678.1234
SET @m=123456789.12345
SELECT 转换前=@d,
转换后=CONVERT(varchar(30),@d,113)   --日期以年月日+时间的方式显示
SELECT 转换前=@r,
转换成实数 6 位=CONVERT(varchar(30),@r,0),   --科学计数法,返回 6 位数
转换成实数 16 位=CONVERT(varchar(30),@r,2)   --科学计数法,返回 16 位数
SELECT 转换前=@m,
转换后=CONVERT(varchar(25),@m,1)   --逗号分隔,两个小数位
GO
```

运行结果如图 2-12 所示。

结果 | 消息

	转换前	转换后
1	2018-09-23 13:35:25.000	23 09 2018 13:35:25:000

	转换前	转换成实数6位	转换成实数16位
1	1.234568E+07	1.23457e+007	1.23456780000000e+007

	转换前	转换后
1	123456789.1235	123,456,789.12

图 2-12 【例 2-12】的运行结果

6.元数据函数

元数据函数可以查询到有关数据库和数据库对象的信息。这些函数包括 DATABASEPROPERTYEX、FILE_NAME、INDEXKEY_PROPERTY 等。

COL_LENGTH('table','column')：计算列的长度。

COL_NAME(table_id,column_id)：获取列的名称。

DB_ID(['database_name'])：获取数据库唯一标识号。

DB_NAME(database_id)：获取数据库名称。

FILE_ID('文件名')：获取文件名对应的文件唯一标识号。

FILE_NAME（文件标识）：获取文件 ID 号对应的文件名称。

FILEGROUP_ID('文件组名')：根据文件组名称获取该文件组唯一标识号。

FILEGROUP_NAME（文件组标识）：根据文件组 ID 号获取文件组名称。

INDEX_COL(' table ',index_id,key_id)：获取索引列名称。

OBJECT_ID(' object ')：获取数据库对象唯一标识 ID 号。

OBJECT_NAME(object_id)：根据标识 ID 号获取数据库对象名称。

COLUMNPROPERTY(id,column,property)：获取列属性值。

DATABASEPROPERTY(database,property)：获取数据库属性值。

DATABASEPROPERTYEX(database,property)：获取数据库选项、属性的当前值。

FILEGROUPPROPERTY(filegroup_name,property)：获取文件组相关属性的当前值。

INDEXPROPERTY(table_ID,index,property)：获取索引相关属性当前值。

OBJECTPROPERTY(id,property)：获取数据库对象属性值信息。

TYPEPROPERTY(type,property)：获取数据类型的属性值信息。

SQL_VARIANT_PROPERTY（expression,property)：获取 sql_variant 值的基本信息。

INDEXKEY_PROPERTY(table_ID,index_ID,key_ID,property)：获取有关索引键的信息。

FULLTEXTCATALOGPROPERTY(catalog_name,property)：获取全文目录属性信息。

FULLTEXTSERVICEPROPERTY(property)：获取全文服务级别属性的信息。

FN_LISTEXTENDEDPROPERTY：获取数据库对象扩展的属性值。

【例 2-13】使用 COL_NAME 显示产品表的第六列字段名字。

```
USE Company
SELECT COL_NAME(OBJECT_ID('产品'),6)
GO
```

运行结果如图 2-13 所示。

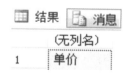

图 2-13　【例 2-13】的运行结果

7.系统函数

系统函数可以查询到 SQL Server 2014 系统表的相关信息。因为不同版本 SQL Server 的系统表结构变动很大，所以最好不要直接访问系统表来获取系统信息，使用系统函数是更好的选择。以下为常见的系统函数。

@@ERROR：返回上一个语句的错误编号，0 表示无错误。

@@IDENTITY：当前的标识值。

@@ROWCOUNT：受影响的行数。

@@TRANCOUNT：当前活动事务数量。

ISDATE：判断是否为有效日期类型数据。

ISNUMERIC：判断是否为有效的数值类型数据。

ISNULL：用指定的值替换 NULL。

APP_NAME：获取当前应用程序名称。

HOST_ID 和 HOST_NAME：返回主机 ID 和主机名。

OBJECT_ID 和 OBJECT_NAME：返回对象 ID 和对象名。

SUSER_ID 和 SUSER_NAME（或 SUSER_SID 和 SUSER_SNAME）：返回登录 ID 和登录名。

USER_ID 和 USER_NAME：返回用户 ID 和用户名。

【例 2-14】在 Company 数据库中，显示当前数据库的相关信息：数据库 ID、数据库名、主机 ID、主机名、登录 ID、登录名、用户 ID 和用户名。

```
USE Company
SELECT DB_ID(),DB_NAME(),
HOST_ID(),HOST_NAME(),
SUSER_ID(),SUSER_NAME(),
USER_ID(),USER_NAME()
GO
```

运行结果如图 2-14 所示。

	(无列名)	(无列名)	(无列名)	(无列名)	(无列名)	(无列名)	(无列名)	(无列名)
1	13	company	7112	USER-20160727FX	1	sa	1	dbo

图 2-14　【例 2-14】的运行结果

8.安全函数

使用安全函数可以查询到有关安全性方面的信息，比如可以返回有关用户、架构、角色等信息。

CURRENT_USER：获取当前用户的名称。

sys.fn_builtin_permissions：表值函数，可产生预定义权限层次结构的副本。

Has_Perms_By_Name：获取当前用户拥有的权限。

IS_MEMBER：判别当前用户是否为 Windows 组、数据库角色中的有效成员。

IS_SRVROLEMEMBER：判别登录名是否是服务器角色的有效成员。

PERMISSIONS：获取用户所拥有的各项权限。

SCHEMA_ID：根据架构名称获取对应的架构标识号。

SCHEMA_NAME：根据架构标识号获取对应的架构名称。

SESSION_USER：获取模拟上下文的用户名。

SETUSER：允许 sysadmin 或 db_owner 角色成员用来测试其他用户权限。

HAS_DBACCESS（'database_name'）：判断用户是否可访问相应的数据库。

fn_trace_gettable：获取跟踪文件信息并以表格形式显示。

fn_trace_getinfo：获取给定的跟踪或现有跟踪的信息。

fn_trace_getfilterinfo（[@traceid＝]trace_id）：根据跟踪 ID 获取该跟踪筛选器信息。

fn_trace_geteventinfo（[@traceid＝]trace_id）：获取跟踪相关的事件信息。

2.3.2　用户自定义函数

SQL Server 系统除了提供大量的内置函数，也允许用户根据需要创建自定义函数。用户自定义函数是为了实现特定功能，由若干 Transact-SQL 语句组成的程序段，大大方便了代码重用。

用户自定义函数使用 CREATE FUNCTION 语句创建，使用 ALTER、DROP FUNC-TION 语句修改和删除。用户自定义函数分为标量函数、内嵌表值函数和多语句表值函数 3 类型。标量函数返回普通数据类型数据，比如整型、字符型等。内嵌表值函数和多语句表值函数返回值是一张表，内嵌表值函数没有函数主体，多语句表值函数则使用 BEGIN…END 定义的函数主体。

1.创建用户自定义函数

（1）创建标量函数。

创建标量函数的语法形式如下：

```
CREATE FUNCTION[所有者名称.]函数名称
[({@参数名称[AS] 标量数据类型＝[默认值]}[…n])]
RETURNS 标量数据类型
[AS]
BEGIN
  函数体
  RETURN 标量表达式
END
```

【例 2-15】创建一个标量函数，根据输入的半径计算圆面积值。

```
CREATE FUNCTION AREA(@r FLOAT)
RETURNS FLOAT              --返回值为整数型数据
AS
BEGIN
  RETURN 3.14159 * @r * @r   --计算圆的面积
END
GO
--调用函数,查看运行结果
SELECT DBO.AREA(6)AS '圆面积'
```

运行结果如图 2-15 所示。

图 2-15 【例 2-15】的运行结果

【例 2-16】为 Company 数据库"产品"表创建一个能够根据产品名,获取该商品单位数量的信息。

```
CREATE FUNCTION PRODUCTUNITQTY(@NAME CHAR(50))
RETURNS VARCHAR(20)
AS
BEGIN
    DECLARE @RESULT VARCHAR(50)='无该商品信息'
    SELECT @RESULT=单位数量 FROM 产品 WHERE 产品名称=@NAME
    RETURN @RESULT
END
--标量函数引用,执行函数
SELECT DBO.PRODUCTUNITQTY('李民')   AS  '该产品的单位数量信息'
SELECT DBO.PRODUCTUNITQTY('白砂糖')   AS   '该产品的单位数量信息'
```

运行结果如图 2-16 所示。

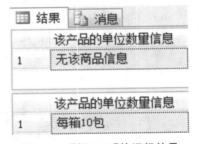

图 2-16 【例 2-16】的运行结果

【例 2-17】为 Company 数据库创建一个能够根据所给订单 ID,计算用户下订单天数的函数。要求创建前先查询系统表判断该函数是否存在,已存在则删除。

```
IF EXISTS(SELECT name FROM sysobjects
        WHERE name='orderDays' AND type='FN')
DROP FUNCTION dbo.orderDays                    --如果函数已存在则删除
GO
CREATE FUNCTION orderDays(@orderID AS INT) --建立带参数的标量函数
RETURNS INT
AS
```

```
BEGIN
  DECLARE @OrderDate DATETIME
  SELECT @OrderDate＝订购日期 FROM 订单 WHERE 订单 ID＝@orderID
  RETURN DATEDIFF(dd,@OrderDate,GETDATE())--计算订单迄今,已过去多少天
END
GO


--执行该函数,显示尚未发货的所有订单已订天数
SELECT 订单 ID,已订天数＝dbo.orderDays(订单 ID),货主名称,货主城市
FROM 订单
WHERE 发货日期 IS NULL
ORDER BY 订单 ID
GO
```

运行结果如图 2-17 所示。

	订单ID	已订天数	货主名称	货主城市
1	11008	547	王先生	常州
2	11019	542	谢小姐	重庆
3	11039	534	黄雅玲	张家口
4	11040	533	方先生	南京
5	11045	532	王先生	深圳
6	11051	528	苏先生	深圳
7	11054	527	李先生	张家口
8	11058	526	刘先生	青岛
9	11059	526	周先生	海口
10	11061	525	方先生	深圳

图 2-17　【例 2-17】的运行结果

(2)创建内嵌表值函数。

创建内嵌表值函数的语法格式如下:

```
CREATE FUNCTION[所有者名称.]函数名称
[({@参数名称[AS] 标量数据类型＝[默认值]}[…n])]
RETURNS TABLE
[AS]
  RETURN[(SELECT 语句)]
```

【例 2-18】为 Company 数据库"产品"表创建一个能够根据产品 ID,返回该产品名称、单价、库存信息的函数。

```
CREATE FUNCTION dbo.get_productinfo(@p_no int)
RETURNS TABLE                      --函数返回值为表
AS
  RETURN
  (
     SELECT 产品名称,单价,库存量
     FROM 产品
     WHERE 产品 ID＝@p_no
  );
--执行该函数,查询 5 号产品相关信息
  SELECT * FROM dbo.get_productinfo('5')
```

运行结果如图 2-18 所示。

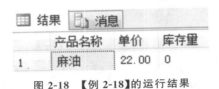

图 2-18 【例 2-18】的运行结果

(3)创建多语句表值函数。

创建多语句表值函数的语法格式如下:

```
CREATE FUNCTION[所有者名称.]函数名称
[({@参数名称[AS] 标量数据类型＝[默认值]}[...n])]
RETURNS @表名变量 TABLE 表的定义
[AS]
BEGIN
    函数体
    RETURN
END
```

【例 2-19】在 Company 数据库创建一个多语句表值函数,该函数能根据提供的产品类别号参数返回所有该类别产品的产品 ID、产品名称和平均价格。

```
CREATE FUNCTION dbo.salesAvg_price(@CategoryNo AS INT)
RETURNS @result TABLE(
产品 ID INT PRIMARY KEY,
产品名称 CHAR(20),
平均价格 INT)
AS
BEGIN
```

```
DECLARE @temptable TABLE(              --定义一个临时表
                产品 ID INT,
                平均单价 INT)
--数据插入中间表
INSERT @temptable
    SELECT 产品 ID,平均单价＝AVG(单价)
    FROM 订单明细
    GROUP BY 产品 ID
--数据插入函数最终返回表中
INSERT @result
    SELECT A.产品 ID,A.产品名称,B.平均单价
    FROM 产品 A LEFT JOIN @temptable B ON A.产品 ID＝B.产品 ID
    WHERE 类别 ID＝@CategoryNo
RETURN
END
GO
--运行函数,查询类别号 2 的每种产品的平均价格
SELECT 产品类别号＝2, * FROM salesAvg_price(2)
GO
```

运行结果如图 2-19 所示。

	产品类别号	产品ID	产品名称	平均价格
1	2	3	蕃茄酱	10
2	2	4	盐	21
3	2	5	麻油	31
4	2	6	酱油	24
5	2	8	胡椒粉	39
6	2	11	白砂糖	20

图 2-19　【例 2-19】的运行结果

2.4　批处理和流程控制

在 SQL Server 中,通过批处理和流程控制可以实现较为复杂的程序功能。SQL Server 的编程语言 Transact-SQL 是非过程化的语言,当数据库用户或者应用程序需要执行某任务,而该任务无法用一条 SQL 语句实现时,就需要用批处理和流程控制将多条 SQL 语句组

织起来,共同完成该任务。

2.4.1 批处理

在 Transact-SQL 程序中,两个相邻"GO"之间的代码称为"批"。Transact-SQL 程序就是按照"批"为单位来进行组织编译的,故称为批处理。如果一个批处理中存在语法错误,如拼写错误,则会导致整个批处理不能被成功编译和执行;而如果是批处理中某语句执行错误,则仅仅是影响该语句,其他语句可以正常执行。

批处理程序中需要遵守以下规则:

(1)除了常用的 CREATE DATABASE、CREATE TABLE、CREATE INDEX,大多数 CREATE 命令要写在单独的批命令中。

(2)调用存储过程语句,如果不是在批处理的第一条语句,则 EXECUTE 或 EXEC 不可省略。

(3)给表字段定义 CHECK 约束后,不可在同一批处理中马上使用它,需要在其他的批处理中才可生效。

(4)将规则或默认值绑定到相应的表字段或某用户自定义数据类型时,不能在同一个批处理中立即使用。

(5)修改完表的字段名称后,也不能立即在同一个批处理中使用该字段新名称。

2.4.2 流程控制

流程控制语句是组织 Transact-SQL 程序的重要语法元素,包括条件控制语句、无条件转移语句、循环语句等,在批处理、存储过程、触发器中常常使用到它们。在 SQL Server 2014 系统中,经常用到的流程控制语句有 IF...ELSE、CASE、WHILE 等。

【例 2-20】使用 IF 语句,判断某点在坐标轴中对应的象限。

```
DECLARE @X INT,@Y INT
SET @X=-3
SET @Y=5
IF @X>0
  IF @Y>0
    PRINT '@X@Y 位于第一象限'
  ELSE
    PRINT '@X@Y 位于第四象限'
ELSE
  IF @Y>0
    PRINT '@X@Y 位于第二象限'
  ELSE
    PRINT '@X@Y 位于第三象限'
```

【例 2-21】使用 WAITFOR TIME 和 WAITFOR DELAY 语句来控制程序执行的具体时间,以及延迟时间执行。

```
USE Company
GO
WAITFOR TIME '08:30';    --设置在 08 点 30 分,继续执行程序语句
SELECT * FROM 产品
GO
USE Company
WAITFOR DELAY '00:00:05';    --延时 5 秒后,执行 SELECT 查询语句
SELECT * FROM 雇员
```

【例 2-22】使用 CASE 语句,将 Company 数据库中“产品”表按单价进行归类:单价超过 80 元为高价产品,单价在[60,80)区间为较高价格产品,单价在[30,60)区间为中等价格产品,低于 30 则为低价产品。

```
DECLARE @X INT,@Y INT
SET @X=-3
SET @Y=5
USE Company
SELECT  产品名称,  CASE
                    WHEN 单价 >=80 THEN '高价产品'
                    WHEN 单价 >=60 THEN '较高价格产品'
                    WHEN 单价 >=30 THEN '中等价格产品'
                    ELSE '低价产品'
                  END AS  '单价情况',库存量
FROM 产品
```

运行结果如图 2-20 所示。

结果 消息

	产品名称	单价情况	库存量
1	苹果汁	低价产品	39
2	牛奶	低价产品	17
3	蕃茄酱	低价产品	13
4	盐	低价产品	53
5	麻油	低价产品	0
6	酱油	低价产品	120
7	海鲜粉	高价产品	15
8	胡椒粉	中等价格产品	6
9	鸡肉	中等价格产品	29
10	蟹肉	高价产品	31
11	白砂糖	低价产品	NULL

图 2-20 【例 2-22】的运行结果

【例 2-23】分别使用两种方法,即 WHILE 和 GOTO 循环语句,计算 $1+2+3+\cdots+100$ 的结果。

方法一 WHILE 循环语句:

```
DECLARE @N INT,@SUM INT
SET @N=1
SET @SUM=0
WHILE @N<=100
BEGIN
   SET @SUM=@SUM+@N
   SET @N=@N+1
END
PRINT @SUM
```

方法二 GOTO 循环语句:

```
DECLARE @N INT,@SUM INT
SET @N=0
SET @SUM=0
LABEL1:
SET @N=@N+1
SET @SUM=@SUM+@N
IF @N <> 100 GOTO LABEL1
PRINT @SUM
```

【例 2-24】往数据库 SCHOOL 中的 Student 表添加数据,使用 TRY、CATCH 语句进行异常处理,若插入数据失败,则给出提示信息" 插入数据有错误!"。

```
USE SCHOOL
GO
DELETE FROM Student
GO
BEGIN TRY
   INSERT student VALUES(' 201810501 ','陈桦','女',19,'物联网')
   --下面语句中,专业名称超过字段定义长度
   INSERT student VALUES(' 201810502 ','刘晓露','女',19,'计算机软件与理论')
   INSERT student VALUES(' 201810503 ','陈伟','男',20,'电子信息')
END TRY
```

```
BEGIN CATCH
    PRINT   '插入数据有错误！'
END CATCH
```

运行结果如图 2-21 所示。

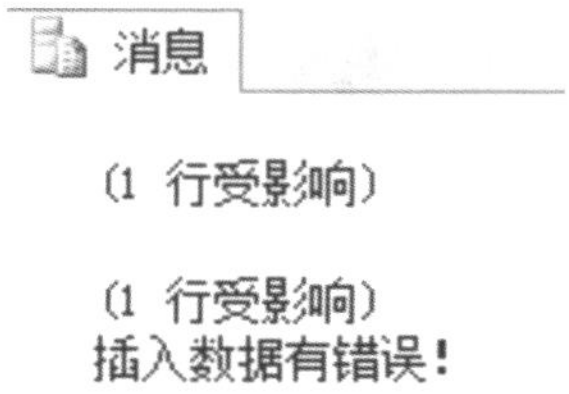

图 2-21　【例 2-24】的运行结果

【例 2-25】因为考试题目难度大，学生分数普遍偏低，现使用 WHILE 语句对数据库 SCHOOL 中的 Sc 表进行成绩处理，以提高平均分。

```
USE SCHOOL
GO
DECLARE @max smallint,@avg smallint,@n smallint
SET @avg=(SELECT AVG(grade)FROM Sc)
SET @max=(SELECT MAX(grade)FROM Sc)
SET @n=1
WHILE @avg<75
    BEGIN
        IF @max>99 BREAK   --最高分大于 99,则退出循环体
        UPDATE Sc SET grade=grade+grade * 0.05
        SET @avg=(SELECT AVG(grade)FROM Sc)
        SET @max=(SELECT MAX(grade)FROM Sc)
        PRINT '第'+STR(@n,2,0)+'次提高成绩：'   --记录每一次提高成绩
        SET @n=@n+1
        PRINT '本次提高后平均成绩为:'+STR(@avg,5,1)+'分'
    END
```

运行结果如图 2-22 所示。

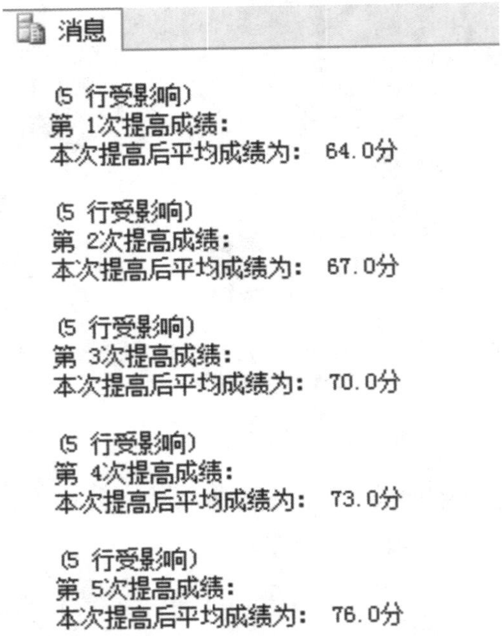

图 2-22 【例 2-25】的运行结果

2.5　本章小结

　　Transact-SQL 是在 SQL 标准语言基础上扩展而成的结构化编程语言。本章主要介绍了 Transact-SQL 的常见语法，包括变量、系统函数、用户自定义函数、批处理、流程控制语句和异常处理。读者通过本章学习熟悉了 Transact-SQL 的基础编程，为后续学习 SQL Server 2014 系统管理以及数据库应用系统开发奠定了基础。

第3章 创建数据库与表

SQL Server 2014 数据库除了基本的数据表,还包括视图、索引、函数、存储过程、触发器等其他数据库对象。设计数据库之前需要做好需求分析、收集信息、建立对象模型。准确地设计数据库非常重要,因为数据库一旦创建完成,后期对其进行修改往往会触一发而动全身,需要花费更多的时间。数据表是数据库中最基本、最核心的部分,设计时要注意规范化。表结构的设计质量会直接影响到将来数据库的使用效率。

SQL Server 2014 作为数据库管理系统(DBMS),它的基本功能就是管理数据库和各类数据库对象。一般情况下,系统都支持两种操作方式:一种以图形化界面实现,另一种则通过执行 Transact-SQL 语句实现。

本章学习目标
➢掌握 SSMS 图形化创建数据库及表。
➢掌握 Transact-SQL 语句创建数据库及表。
➢熟悉数据库及表的修改。
➢熟悉对数据库中数据的操作。

3.1 创建数据库及表

创建 SQL Server 2014 数据库主要涉及以下 3 类文件:

(1)主数据文件(Primary File):每个数据库都有且仅有一个扩展名为.mdf 的主数据文件,大量的用户数据都储存于此文件中。

(2)辅助数据文件(Secondary File):辅助数据文件扩展名为.ndf。使用辅助数据文件可以使数据文件建立在不同的磁盘上,这样数据库容量将不会受限于一个磁盘空间,进而扩大了数据库的存储空间范围。

(3)事务日志文件(Transaction Log File):事务日志文件扩展名为.ldf。对数据库数据进行的任何修改都会被记录在事务日志文件中,一旦数据库遭到破坏,可使用事务日志文件进行恢复。

SQL Server 2014 在默认方式下,创建的数据库包含一个主数据文件和一个事务日志文件,如果需要,可以包含辅助数据文件和多个事务日志文件。下面创建一个销售公司的数据库,名称为 Company,本书将以该数据库为例,贯穿全书章节。使用 SQL Server Management Studio 图形化工具创建数据库及表过程如下:

（1）启动 SSMS 连接服务器。

（2）在"对象资源管理器"中，展开"数据库"节点，单击鼠标右键，在弹出的菜单中点击"新建数据库"命令，如图 3-1 所示。

图 3-1　创建新数据库

（3）依次展开"数据库""Company"节点，在"表"节点处单击鼠标右键，在弹出的菜单中点击"新建表"命令，在"表设计器"中，设置相应的字段名称、数据类型、长度、创建主键等，如图 3-2 所示。

图 3-2　创建数据库表

（4）将该表保存，名为"产品"表，然后使用同样的方式，依次创建订单、订单明细、供应商、雇员、客户、类别、运货商 7 张表，如图 3-3 至图 3-9 所示。

USER-20160727F...mpany - dbo.订单　×		
列名	数据类型	允许 Null 值
▶ 订单ID	int	☐
客户ID	nvarchar(5)	☑
雇员ID	int	☑
订购日期	smalldatetime	☑
到货日期	smalldatetime	☑
发货日期	smalldatetime	☑
运货商	int	☑
运货费	money	☑
货主名称	nvarchar(40)	☑
货主地址	nvarchar(60)	☑
货主城市	nvarchar(15)	☑
货主地区	nvarchar(15)	☑
货主邮政编码	nvarchar(10)	☑
货主国家	nvarchar(15)	☑

图 3-3　订单表

USER-20160727...any - dbo.订单明细　×		
列名	数据类型	允许 Null 值
▶ 订单ID	int	☑
产品ID	int	☐
单价	money	☐
数量	smallint	☐
折扣	real	☐

图 3-4　订单明细表

USER-20160727F...pany - dbo.供应商 ✕		
列名	数据类型	允许 Null 值
▶ 供应商ID	int ▼	☐
公司名称	nvarchar(40)	☐
联系人姓名	nvarchar(30)	☑
联系人职务	nvarchar(30)	☑
地址	nvarchar(60)	☑
城市	nvarchar(15)	☑
地区	nvarchar(15)	☑
邮政编码	nvarchar(10)	☑
国家	nvarchar(15)	☑
电话	nvarchar(24)	☑
传真	nvarchar(24)	☑
主页	ntext	☑

图 3-5　供应商表

USER-20160727F...mpany - dbo.雇员 ✕		
列名	数据类型	允许 Null 值
▶ 雇员ID	int	☐
姓名	nvarchar(10)	☐
职务	nvarchar(30)	☑
出生日期	smalldatetime	☑
入职时间	smalldatetime	☑
家庭地址	nvarchar(60)	☑
所在城市	nvarchar(15)	☑
地区	nvarchar(15)	☑
邮政编码	nvarchar(10)	☑
国家	nvarchar(15)	☑
家庭电话	nvarchar(24)	☑
照片	nvarchar(255)	☑
备注	ntext	☑
上级	int	☑

图 3-6　雇员表

图 3-7 客户表

图 3-8 类别表

图 3-9 运货商表

（5）以上步骤完成了数据库和表结构的创建，即完成了数据库的主体框架建设。接下来为以上各表输入数据，如图 3-10 至图 3-17 所示。

	产品ID	产品名称	供应商ID	类别ID	单位数量	单价	库存量	订购量	再订购基准	停产
1	1	苹果汁	1	1	每箱12瓶	23.00	39	0	10	1
2	2	牛奶	1	1	每箱24盒	26.00	17	40	25	0
3	3	蕃茄酱	1	2	每箱12瓶	19.00	13	70	25	0
4	4	盐	2	2	每箱50袋	22.00	53	0	0	0
5	5	麻油	2	2	每箱12瓶	22.00	0	0	0	1
6	6	酱油	3	2	每箱12瓶	25.00	120	0	25	0
7	7	海鲜粉	3	7	每箱50袋	86.00	15	0	10	0
8	8	胡椒粉	NULL	2	每箱20袋	40.00	6	0	0	0
9	9	鸡肉	4	6	每箱10袋	32.00	29	0	0	1
10	10	蟹肉	4	8	每箱10袋	95.00	31	0	0	0
11	11	白砂糖	NULL	2	每箱10包	NULL	NULL	NULL	NULL	0

图 3-10 产品表数据

	订单ID	客户ID	雇员ID	订购日期	到货日期	发货日期	运货商	运货费	货主名称	货主城市
1	10248	VINET	5	2015-06-30...	2015-07-28...	2015-07-12...	3	32.38	王肖华	北京
2	10249	TOMSP	6	2015-07-01...	2015-08-12...	2015-07-06...	1	11.61	刘明	厦门
3	10250	HANAR	4	2015-07-04...	2015-08-01...	2015-07-08...	2	65.83	陈杰华	福州
4	10251	VICTE	3	2015-07-04...	2015-08-01...	2015-07-11...	1	41.34	陈韩辉	上海
5	10252	SUPRD	4	2015-07-05...	2015-08-02...	2015-07-07...	2	51.30	刘敏章	合肥
6	10253	HANAR	3	2015-07-06...	2015-07-20...	2015-07-12...	2	58.17	唐侨虔	南昌
7	10254	CHOPS	5	2015-07-07...	2015-08-04...	2015-07-19...	2	22.98	叶剑波	武汉
8	10255	RICSU	9	2015-07-08...	2015-08-05...	2015-07-11...	3	148.33	高岗效	北京
9	10256	WELLI	3	2015-07-11...	2015-08-08...	2015-07-13...	2	13.97	吴治国	长沙
10	10257	HILAA	4	2015-07-12...	2015-08-09...	2015-07-18...	3	81.91	谢燕豪	成都

图 3-11 订单表数据

	订单ID	产品ID	单价	数量	折扣
1	10248	2	17.50	12	0
2	10248	3	9.80	10	0
3	10248	6	22.80	5	0
4	10249	1	16.00	9	0
5	10249	6	22.80	40	0
6	10250	4	19.00	10	0
7	10250	3	9.80	35	0.15
8	10250	6	22.80	15	0.15
9	10251	1	16.00	6	0.05
10	10251	6	22.80	15	0.05

图 3-12 订单明细表数据

▦ 结果　📄 消息

	供应商ID	公司名称	联系人姓名	联系人职务	地址	城市
1	1	华达	刘恩华	销售代表	北京建国门外大街1号	北京
2	2	新恩	黄金桂	订购主管	厦门市莲前东路洪莲西里8号	厦门
3	3	宏大	胡茵	订购主管	北京市北三环中路1号	北京
4	4	嘉兴华	王关辉	市场经理	上海罗秀路1701弄11号1002	上海
5	5	康华	郑和通	销售代理	西直门外大街135号	北京
6	6	刘记	刘伟国	订购主管	福建省泉州市云谷佳园B幢	泉州
7	7	泰安	黄文哲	结算经理	南昌八一大道洪城数码广场A座801室	南昌
8	8	东康王	周小泊	市场经理	武汉水果湖洪山路62号2号1楼	武汉
9	9	路路达	谢欣容	销售代理	四川省成都市人民中路一段十六号	成都
10	10	美时	许国民	市场经理	黑龙江省哈尔滨市南岗区南通大街128号	哈尔滨

图 3-13　供应商表数据

▦ 结果　📄 消息

	雇员ID	姓名	职务	出生日期	入职时间	家庭地址	所在城市
1	1	刘伟庭	销售代表	1984-12-04 00:00:00	2008-04-27 00:00:00	崇文区前门东大街20号	北京
2	2	肖伟	副总裁(销售)	1978-02-15 00:00:00	2008-08-10 00:00:00	朝阳区安定路用3号	北京
3	3	陈吉州	销售代表	1989-08-26 00:00:00	2008-03-28 00:00:00	海淀区羊坊店路9号	北京
4	4	刘杰斌	销售代表	1984-09-15 00:00:00	2009-04-29 00:00:00	新建宫门路2号	北京
5	5	柯俊杰	销售经理	1981-02-28 00:00:00	2009-10-13 00:00:00	海淀区三里河路13号	北京
6	6	谢晓晴	销售代表	1983-06-28 00:00:00	2009-10-13 00:00:00	朝阳区北四环中路8号	北京
7	7	方志杰	销售代表	1976-05-25 00:00:00	2009-12-29 00:00:00	北三环东路6号	北京
8	8	高宇	内部销售协调员	1985-01-05 00:00:00	2010-03-01 00:00:00	朝阳区东三环北路16号	北京
9	9	王东来	销售代表	1985-06-28 00:00:00	2010-11-11 00:00:00	朝阳区裕民路12号	北京

图 3-14　雇员表数据

▦ 结果　📄 消息

	客户ID	公司名称	联系人姓名	联系人职务	地址	城市
1	ALFKI	三川实业有限公司	黄小玲	销售代表	大崇明路 223 号	天津
2	ANATR	东南实业	王厦敏	物主	罗秀路17弄11号902	天津
3	ANTON	坦森行贸易	何少东	物主	东华西路1180 号	石家庄
4	AROUT	国顶有限公司	方一东	销售代表	花园东街 290 号	深圳
5	BERGS	通恒机械	黄开解	采购员	下南北街30 号	南京
6	BLAUS	森通	王萧雨	销售代表	学府路203 号	天津
7	BLONP	国皓	刘丽华	市场经理	西奥北路 10 号	大连
8	BOLID	迈多贸易	张大国	物主	临翠大街 80 号	西安
9	BONAP	祥通	庄家和	物主	鹿苑B幢	重庆
10	BOTTM	广通	王康辉	结算经理	人民中路16号	重庆

图 3-15　客户表数据

41

	类别ID	类别名称	说明
1	1	饮料	软饮料、咖啡、茶、啤酒和淡啤酒
2	2	调味品	香甜可口的果酱、调料、酱汁和调味品
3	3	点心	甜点、糖和甜面包
4	4	日用品	乳酪
5	5	谷类/麦片	面包、饼干、生面团和谷物
6	6	肉/家禽	精制肉
7	7	特制品	干果和豆乳
8	8	海鲜	海菜和鱼

图 3-16 类别表数据

	运货商ID	公司名称	电话
1	1	运通速递	(010) 55559831
2	2	华宇包裹	(010) 75553763
3	3	永辉货运	(010) 85543212

图 3-17 运货商表数据

3.2 SQL 语句创建数据库及表

数据类型是数据库对象的一个属性，SQL Server 2014 系统提供了一系列的数据类型，而用户可以根据自身需求创建属于自己的数据类型。以下列出 SQL Server 2014 支持的数据类型。

bigint：表示从-2^{63}(−9223372036854775808)到 $2^{63}-1$(9223372036854775807)范围的整数类型数据。

int：表示从-2^{31}(−2147483648)到 $2^{31}-1$(2147483647)范围的整数类型数据。

smallint：表示从-2^{15}(−32768)到 $2^{15}-1$(32767)范围的整数类型数据。

tinyint：没有符号位，只表示正数，表示从 0 到 255 范围的整数类型数据。

bit：表示 1、0 两种可能的整数类型数据。

decimal：表示从$-10^{38}+1$ 到 $10^{38}-1$ 范围固定精度和小数位的数值型数据。

numeric：取值范围等同于 decimal，具体保存数值时位数有所区别。

money：表示货币类型数据，取值范围介于-2^{63}到 $2^{63}-1$ 之间，精确到货币单位的 10/1000。

smallmoney：取值范围小于 money，货币值从−214748.3648 到＋214748.3647。

float：表示浮点型，取值范围从−1.79E＋308 到 1.79E＋308。

real：表示浮点型，取值范围从−3.40E＋38 到 3.40E＋38。

datetime：表示日期和时间数据，取值范围从 1753 年 1 月 1 日到 9999 年 12 月 31 日。

smalldatetime：表示日期和时间数据，取值范围从 1900 年 1 月 1 日到 2079 年 6 月 6 日。

char：表示固定长度字符型数据，可表示 1～8 000 个字符。

varchar：表示可变长度字符型数据，可表示 1～8 000 个字符。

text：表示可变长度字符数据，最大长度可达 $2^{31}-1$ 个字符。

nchar：以 n 打头的表示 Unicode 字符集，所有的字符都用两个字节表示，即英文字符也是用两个字节表示的。nchar 是固定长度字符型数据，最大长度为 4 000 个字符。

nvarchar：表示可变长度的 Unicode 字符集数据，最大长度为 4 000 个字符。

ntext：表示可变长度的 Unicode 字符集数据，最大长度为 $2^{30}-1$ 个字符。

binary：表示二进制数，最多表示 8 000 个字节。

varbinary：表示可变长度的二进制数，最多表示 8 000 个字节。

image：表示可变长度的二进制数，最多可表示 $2^{31}-1$ 个字节。

cursor：用于定义游标类型。

sql_variant：可存储除 text、ntext、timestamp 和 sql_variant 外的 SQL Server 其他各种数据类型。

table：表示用于存储供结果集的一种数据类型。

timestamp：表示在数据库范围内的唯一标识数字。

uniqueidentifier：表示全局唯一标识符（globally unique identifier，GUID）。

xml：表示用于存放 XML 数据的一种特殊数据类型。

接下来，以数据库 Company 为例，使用 Transact-SQL 语句创建数据库及数据库中各表，注意各表数据类型、长度等方面的设定。详细代码如下：

```
CREATE DATABASE Company ON PRIMARY              --创建数据库 Company

(NAME=N'Company_Data',FILENAME=N'D:\数据库 MDF\sql\Company_Data.
  MDF',SIZE=10240KB,MAXSIZE=20480KB,FILEGROWTH=10%)
LOG ON
(NAME=N'Company_Log',FILENAME=N'D:\数据库 MDF\sql\Company_Log.
  LDF',SIZE=10240KB,MAXSIZE=20480KB,FILEGROWTH=10%)
GO

CREATE TABLE 产品(                              --创建产品表
  产品 ID int PRIMARY KEY NOT NULL,
  产品名称 nvarchar(40)NOT NULL,
  供应商 ID int NULL,
  类别 ID int NULL,
  单位数量 nvarchar(20)NULL,
  单价 money NULL,
```

```
    库存量 smallint NULL,
    订购量 smallint NULL,
    再订购基准 smallint NULL,
    停产 bit NOT NULL
)

CREATE TABLE 订单(                              --创建订单表
    订单 ID int PRIMARY KEY NOT NULL,
    客户 ID nvarchar(5)NULL,
    雇员 ID int NULL,
    订购日期 smalldatetime NULL,
    到货日期 smalldatetime NULL,
    发货日期 smalldatetime NULL,
    运货商 int NULL,
    运货费 money NULL,
    货主名称 nvarchar(40)NULL,
    货主地址 nvarchar(60)NULL,
    货主城市 nvarchar(15)NULL,
    货主地区 nvarchar(15)NULL,
    货主邮政编码 nvarchar(10)NULL,
    货主国家 nvarchar(15)NULL
)

CREATE TABLE 订单明细(                          --创建订单明细表
    订单 ID int NOT NULL,
    产品 ID int NOT NULL,
    单价 money NOT NULL,
    数量 smallint NOT NULL,
    折扣 real NOT NULL,
    PRIMARY KEY(订单 ID,产品 ID)
)

CREATE TABLE 供应商(                            --创建供应商表
    供应商 ID int PRIMARY KEY NOT NULL,
    公司名称 nvarchar(40)NOT NULL,
    联系人姓名 nvarchar(30)NULL,
    联系人职务 nvarchar(30)NULL,
```

```
        地址 nvarchar(60)NULL,
        城市 nvarchar(15)NULL,
        地区 nvarchar(15)NULL,
        邮政编码 nvarchar(10)NULL,
        国家 nvarchar(15)NULL,
        电话 nvarchar(24)NULL,
        传真 nvarchar(24)NULL,
        主页 ntext NULL
)

CREATE TABLE 雇员(                   --创建雇员表
        雇员 ID int PRIMARY KEY NOT NULL,
        姓名 nvarchar(10)NOT NULL,
        职务 nvarchar(30)NULL,
        出生日期 smalldatetime NULL,
        入职时间 smalldatetime NULL,
        家庭地址 nvarchar(60)NULL,
        所在城市 nvarchar(15)NULL,
        地区 nvarchar(15)NULL,
        邮政编码 nvarchar(10)NULL,
        国家 nvarchar(15)NULL,
        家庭电话 nvarchar(24)NULL,
        照片 nvarchar(255)NULL,
        备注 ntext NULL,
        上级 int NULL
)

CREATE TABLE 客户(                   --创建客户表
        客户 ID nvarchar(5)PRIMARY KEY NOT NULL,
        公司名称 nvarchar(40)NOT NULL,
        联系人姓名 nvarchar(30)NULL,
        联系人职务 nvarchar(30)NULL,
        地址 nvarchar(60)NULL,
        城市 nvarchar(15)NULL,
        地区 nvarchar(15)NULL,
        邮政编码 nvarchar(10)NULL,
        国家 nvarchar(15)NULL,
```

```
    电话 nvarchar(24)NULL,
    传真 nvarchar(24)NULL
)

CREATE TABLE 类别(                      --创建类别表
    类别 ID int PRIMARY KEY NOT NULL,
    类别名称 nvarchar(15)NOT NULL,
    说明 ntext NULL,
    图片 image NULL
)

CREATE TABLE 运货商(                     --创建运货商表
    运货商 ID int PRIMARY KEY NOT NULL,
    公司名称 nvarchar(40)NOT NULL,
    电话 nvarchar(24)NULL
)
```

下面是一个创建 school 数据库的实例,数据文件和日志文件均放在目录 D:\DATA 下,数据文件逻辑名设为 schooldata,初始 10 MB,文件最大不超过 100 MB,文件增长按 1 MB方式;日志文件逻辑名设为 schoollog,初始100 MB,文件最大不超过 1 000 MB,文件增长按 10 MB 方式。数据库创建完成后,依次在数据库中创建 dept、student、study 和 course 4 张表,并为每张表字段设置适当的数据类型和长度,每张表要求创建主键和考虑完整性约束,需要时创建外键,以实现不同表之间的数据关联约束。

```
CREATE DATABASE school
ON
(NAME=schooldata,
    FILENAME='D:\DATA\school.mdf ',SIZE=10MB,MAXSIZE=100MB,FILE-
        GROWTH=1MB
)
LOG ON
(NAME=schoollog,
    FILENAME='D:\DATA\school.ldf ',SIZE=100MB,MAXSIZE=1000MB,FILE-
        GROWTH=10MB
)
GO

USE SCHOOL
```

```
CREATE TABLE dept(
  dnoCHAR(2),
  dnameVARCHAR(20)NOT NULL,
  CONSTRAINT dept_pk PRIMARY KEY(dno),
  CONSTRAINT dept_uk UNIQUE(dname)
);

CREATE TABLE student(
  snoCHAR(2),
  snameVARCHAR(20)NOT NULL,
  ssexCHAR(2)NOT NULL,
  sageINTNOT NULL,
  dnoCHAR(2)NOT NULL,
  CONSTRAINT student_pk PRIMARY KEY(sno),
  CONSTRAINT student_fk FOREIGN KEY(dno)REFERENCES dept(dno)
    ON DELETE CASCADE ON UPDATE CASCADE,
  CONSTRAINT student_ck CHECK(ssex in('男','女'))
);

CREATE TABLE course(
  cnoCHAR(2),
  cnameVARCHAR(20)NOT NULL,
  pcnoCHAR(2)     NULL,
  creditINTNOT NULL,
  CONSTRAINT course_pk PRIMARY KEY(cno),
  CONSTRAINT course_fk FOREIGN KEY(pcno)REFERENCES course(cno),
  CONSTRAINT course_uk UNIQUE(cname),
  CONSTRAINT course_ck CHECK(credit>0)
);

CREATE TABLE study(
  snoCHAR(2),
  cno CHAR(2),
  gradeINTNULL,
  CONSTRAINT study_pk PRIMARY KEY(sno,cno),
  CONSTRAINT study_fk_sno FOREIGN KEY(sno)REFERENCES student(sno),
  CONSTRAINT study_fk_cno FOREIGN KEY(cno)REFERENCES course(cno)
);
```

3.3　修改表结构

　　随着现实环境的变化,原有数据库可能与现实情况发生了差别,为保持数据库的一致性,可能需要调整数据库中的表结构。在 Microsoft SQL Server 2014 中,可通过两种方式修改表结构:SSMS 图形化工具和 Transact-SQL 语句。

3.3.1　通过 SSMS 图形化工具修改

　　在"对象资源管理器"中,依次展开"数据库"、Company、"表"节点,选择要修改的表,如产品表,单击鼠标右键,在弹出的菜单中点击"设计"命令,如图 3-18 所示。该窗口与创建表时所显示的界面是一样的,操作方法也一样。

列名	数据类型	允许 Null 值
▶ 产品ID	int	☐
产品名称	nvarchar(40)	☐
供应商ID	int	☑
类别ID	int	☑
单位数量	nvarchar(20)	☑
单价	money	☑
库存量	smallint	☑
订购量	smallint	☑
再订购基准	smallint	☑
停产	bit	☐

图 3-18　运货商表结构

　　在该窗口中,可以修改字段名称、字段长度、是否允许为空、是否为标识、主键等。若要在一现有字段前面添加一个新字段,则在现有字段上单击鼠标右键,然后点击"插入列"命令。同样,还可以删除字段、修改各种约束等。

　　如果某张表已经不再需要,可在"对象资源管理器"中将其删除,依次展开"数据库"、Company、"表"节点,选中要删除的表,单击鼠标右键,在弹出的菜单中点击"删除"命令,即完成将该表从数据库中删除。

3.3.2　通过 Transact-SQL 语句修改

　　使用 ALTER TABLE 语句可以修改表结构,完成字段或约束的添加、删除、修改等操作。其语法格式如下:

ALTER TABLE 数据表名 {ALTER|ADD|DROP}

【例 3-1】修改 Company 数据库中的"客户"表,向该表中添加一个"备注"字段,类型为 nchar,长度为 40,字段允许为空。

```
USE Company
GO
ALTER TABLE　客户　ADD　备注 NCHAR(40)NULL
GO
```

【例 3-2】修改 Company 数据库中的"客户"表,向该表中添加一个"电子邮件"字段,类型为 nvarchar,长度为 50,字段允许为空。

```
USE Company
GO
ALTER TABLE　客户　ADD　电子邮件 NVARCHAR(50)NULL
GO
```

【例 3-3】修改 Company 数据库中的"客户"表,使用系统存储过程 sp_rename 将该表中"电子邮件"字段改名为"电邮"。查看客户表,确定添加成功后,将该字段删除。

```
USE Company
GO
EXEC sp_rename　'客户.电子邮件','电邮',' COLUMN '
GO
ALTER TABLE 客户 DROP COLUMN 电邮
GO
```

【例 3-4】使用系统存储过程 sp_help,查看 Company 数据库中的"客户"表主键信息,将该表主键删除,然后在其"客户 ID"字段上重新创建一个名为"PKnew_客户"的主键。

```
USE Company
GO
EXECUTE SP_HELP 客户
GO
ALTER TABLE 客户                --删除主键约束
    DROP CONSTRAINT PK_客户
GO
ALTER TABLE 客户                --添加"工号"列为主键
    ADD CONSTRAINT PKnew_客户 PRIMARY KEY(客户 ID)
GO
```

3.4 表数据操作

数据库创建成功后,对数据的操作,包括添加、删除、修改,可通过两种方式实现:SSMS图形化工具和 Transact-SQL 语句。

通过 SSMS 图形化工具进行表数据操作的具体方法:在"对象资源管理器"中,依次展开"数据库"、Company、"表"节点,选择要进行操作的表,如产品表,单击鼠标右键,在弹出的菜单中点击"编辑"命令,在跳出的界面中即可进行添加、删除、修改操作。本节主要介绍使用 Transact-SQL 语言中的 INSERT、UPDATE、DELETE 命令进行表数据操作。

【例 3-5】使用 INSERT 命令,往 Company 数据库中的"客户"表中添加一个新客户信息。客户 ID:OMOOK,公司名称:华彩印刷集团,联系人姓名:王东城,地址:深圳罗湖,电话号码:075566369263。其余未知字段取空值。

```
USE Company
GO
INSERT 客户(客户 ID,公司名称,联系人姓名,地址,电话)
VALUES(' OMOOK ','华彩印刷集团','王东城','深圳罗湖',' 075566369263 ')
```

【例 3-6】使用 UPDATE 命令,将"客户"表中联系人姓名为王东城的电话信息改为' 075566369255 '。

```
USE Company
GO
UPDATE 客户
SET   电话='075566369255 '
WHERE   联系人姓名='王东城'
```

【例 3-7】使用 DELETE 命令,将"客户"表中联系人姓名为王东城的信息删除。

```
USE Company
GO
DELETE FROM 客户
WHERE   联系人姓名='王东城'
```

3.5 本章小结

本章通过实例详细介绍了数据库、表的创建和修改以及操作维护,主要涉及字段、主键、外键、完整性约束的添加、修改、删除。在 SQL Server 2014 中实现上述操作,除了可以使用 SSMS 界面可视化方法实现,也可以在查询编辑器中编写 Transact-SQL 语句完成对数据库的各项操作。两种操作只是方式不同,产生的实际效果是一样的。

第4章　数据查询

数据查询,就是从数据库中找出用户所需要的那部分信息,并按用户规定的格式进行整理并输出。创建数据库的目的是实现数据共享。数据查询语句,即 SELECT 语句,是 SQL 语言中使用最多的核心语句。SELECT 语句具有强大的查询功能,能够满足用户实现各种各样的查询要求,包括直接的数据调取以及对数据进行分类、统计等。本章主要介绍查询语句 SELECT 的基本语法和具体应用,介绍如何使用 SELECT 语句从若干张表(或视图)中获取数据。

SQL 查询语句的基本结构包括 3 个子句:SELECT、FROM 和 WHERE,其中SELECT 子句对应于关系代数中的投影运算,用来指定查询结果中所需要的属性或表达式;FROM 子句对应于关系代数中的笛卡尔积,用来给出查询所涉及的表,表可以是基本表、视图或查询表;WHERE 子句对应于关系代数中的选择运算,用来指定查询结果元组所需要满足的选择条件。对于 SQL 查询语句,SELECT 和 FROM 子句是必需的,其他是可选的。

本章学习目标

➢熟悉 SELECT 查询语句的基本格式。

➢掌握 WHERE、HAVING 子句的数据筛选应用以及它们之间的区别。

➢掌握 ORDER BY、GROUP BY 子句的使用。

➢掌握多表查询、自然连接、等值连接、内连接、外连接等相关概念。

➢掌握嵌套查询、相关和非相关子查询的应用。

➢掌握组合查询的应用。

4.1　SELECT 语句概述

用户使用 SELECT 语句可以查看用户数据库中的表格或视图,还可以从 SQL Server 系统表中查询有关数据库的相关系统信息。SELECT 语句的一般格式:

```
SELECT[ALL|DISTINCT]  <目标列表达式>[别名][,<目标列表达式>[别名]] …
FROM <表名或视图名> [别名]
        [,<表名或视图名>[别名]] …
        |(<SELECT 语句>)[AS]<别名>
[WHERE <条件表达式>]
```

> ［GROUP BY ＜列名 1＞［HAVING＜条件表达式＞]]
> ［ORDER BY ＜列名 2＞［ASC｜DESC]]；

其中[]部分表示可选项,非必需部分。而 SELECT、FROM 子句是每一个查询语句所必需的。SELECT 语句具体的规定如下:

(1)＜目标列名表＞:用于指定整个查询结果集所要显示的列。ALL 表示显示所有数据,DISTINCT 用于排除重复数据,重复的数据只显示一次。

(2)FROM ＜数据源表＞:用于指定整个查询语句用到的一个或多个基本表,也可以是虚表(即视图)。

(3)WHERE ＜查询条件＞:用于指定筛选或选择的条件。在涉及多张表的查询时,表间的连接条件也可写在 WHERE 后。

(4)GROUP BY ＜分组列＞:用于指定表按哪些列进行分组,并可以对每一组的数据进行求和、平均数、最大值等运算。

(5)HAVING ＜组选择条件＞:必须与 GROUP BY 子句一起使用,用于指定组的筛选条件,即把满足＜组选择条件＞的数据显示出来。注意 HAVING 与 WHERE 的筛选区别,HAVING 是以组作为筛查对象的,而 WHERE 是对表中的每一行进行筛选。

(6)ORDER BY ＜排序列＞:用于指定查询结果中是否按顺序(升序或降序)来显示。ASC 表示升序,DESC 表示降序。

4.2 基本查询

4.2.1 简单查询

在 SELECT 语句中,仅使用 SELECT、FROM 子句的查询语句称为简单查询。

1.选择表中所有列

在 SELECT 子句的＜目标列名表＞中可以用 * 来表示表中所有列。

【例 4-1】查询全部产品的信息,要求列出所有的列。

> SELECT 产品名称,供应商 ID,类别 ID,单位数量,单价,库存量,订购量,再订购基准,
> 　　　停产
> FROM 产品

或

> SELECT *
> FROM 产品;

查询结果如图 4-1 所示。

	产品ID	产品名称	供应商ID	类别ID	单位数量	单价	库存量	订购量	再订购基准	停产
1	1	苹果汁	1	1	每箱24瓶	18.00	39	0	10	1
2	2	牛奶	1	1	每箱24瓶	19.00	17	40	25	0
3	3	蕃茄酱	1	2	每箱12瓶	10.00	13	70	25	0
4	4	盐	2	2	每箱12瓶	22.00	53	0	0	0
5	5	麻油	2	2	每箱12瓶	21.35	0	0	0	1
6	6	酱油	3	2	每箱12瓶	25.00	120	0	25	0
7	7	海鲜粉	3	7	每箱30盒	30.00	15	0	10	0
8	8	胡椒粉	3	2	每箱30盒	40.00	6	0	0	0
9	9	鸡	4	6	每袋500克	97.00	29	0	0	1
10	10	蟹	4	8	每袋500克	31.00	31	0	0	0

图 4-1 【例 4-1】的查询结果

2.选择表中部分列

在 SELECT 子句的<目标列名表>中指定整个查询结果需要的若干个列名，各列名之间用逗号分隔。

【例 4-2】查询产品表中所有产品的产品名称和价格。

```
SELECT
产品名称,单价
FROM 产品;
```

查询结果如图 4-2 所示。

	产品名称	单价
1	苹果汁	18.00
2	牛奶	19.00
3	蕃茄酱	10.00
4	盐	22.00
5	麻油	21.35
6	酱油	25.00
7	海鲜粉	30.00
8	胡椒粉	40.00
9	鸡	97.00
10	蟹	31.00

图 4-2 【例 4-2】的查询结果

3.去除查询结果中的重复值

两个本来并不完全相同的元组，投影到指定的某些列上后，可能变成相同的行了。关系代数是基于集合的，因此投影运算会自动去除重复的行。但是 SQL 语言采用包(bag)定义，它允许出现相同的元素，默认情况下，SELECT 语句的结果会有相同的行，可以用 DISTINCT 关键词去除相同行。

【例 4-3】查询所有产品的名称，并去除重复行。

SELECT DISTINCT 产品名称
FROM 产品；

查询结果如图 4-3 所示。

图 4-3 【例 4-3】的查询结果

4.使用表达式的查询

SELECT 子句中不仅可以使用表中的属性列，也可以使用表达式。

【例 4-4】查询所有产品的名称，并将价格优惠 15％。

SELECT
产品名称，单价 * 0.85
FROM 产品；

查询结果如图 4-4 所示。

产品名称	(无列名)
1	苹果汁	15.300000
2	牛奶	16.150000
3	蕃茄酱	8.500000
4	盐	18.700000
5	麻油	18.147500
6	酱油	21.250000
7	海鲜粉	25.500000
8	胡椒粉	34.000000
9	鸡	82.450000
10	蟹	26.350000

图 4-4 【例 4-4】的查询结果

5.使用列别名

在 SELECT 子句中,列名就是默认的列标题,用户可以通过指定别名(新名字)来改变查询结果的列标题。别名特别适合那些含算术表达式、常量值、函数名的列。

原列名[AS] 列别名　　　其中 AS 可省略

【例 4-5】查询所有产品的名称,并将价格优惠 15%,要求显示标题为"优惠后价格"。另外,可以使用 CAST 函数保留两位小数。

SELECT
产品名称,CAST(单价 * 0.85 AS NUMERIC(8,2))AS 优惠后价格
FROM 产品;

或

SELECT
产品名称,CAST(单价 * 0.85 AS NUMERIC(8,2))　优惠后价格
FROM 产品;

查询结果如图 4-5 所示。

	产品名称	优惠后价格
1	苹果汁	15.30
2	牛奶	16.15
3	蕃茄酱	8.50
4	盐	18.70
5	麻油	18.15
6	酱油	21.25
7	海鲜粉	25.50
8	胡椒粉	34.00
9	鸡	82.45
10	蟹	26.35

图 4-5　【例 4-5】的查询结果

4.2.2　带条件查询

WHERE 子句可以实现关系代数中的选择运算,用来查询满足指定条件的元组,这是查询中涉及最多的一类查询。因为一个表通常会有数千条记录,在查询结果中,用户仅需其中的一部分记录,这时就需要使用 WHERE 子句指定一系列的查询条件。常用的查询条件见表 4-1。

表 4-1　常用的查询条件

类　别	运算符	说　明
比较运算符	=、>、<、>=、<=、<>	比较两个表达式
逻辑运算符	AND、OR、NOT	组合两个表达式的运算结果或取反
范围运算符	BETWEEN、NOT BETWEEN	搜索值是否在范围内
列表运算符	IN、NOT IN	查询值是否属于列表值之一
字符匹配符	LIKE、NOT LIKE	字符串是否匹配
未知值	IS NULL、IS NOT NULL	查询值是否为 NULL

1.使用比较表达式的查询

【例 4-6】查询所有单价大于 20 元的产品信息。

```
SELECT *
FROM 产品
WHERE 单价>20;
```

查询结果如图 4-6 所示。

	产品ID	产品名称	供应商ID	类别ID	单位数量	单价	库存量	订购量	再订购基准	停产
1	4	盐	2	2	每箱12瓶	22.00	53	0	0	0
2	5	麻油	2	2	每箱12瓶	21.35	0	0	0	1
3	6	酱油	3	2	每箱12瓶	25.00	120	0	25	0
4	7	海鲜粉	3	7	每箱30盒	30.00	15	0	10	0
5	8	胡椒粉	3	2	每箱30盒	40.00	6	0	0	0
6	9	鸡	4	6	每袋500克	97.00	29	0	0	1
7	10	蟹	4	8	每袋500克	31.00	31	0	0	0

图 4-6　【例 4-6】的查询结果

2.使用 BETWEEN…AND 的查询

BETWEEN…AND 用来查找属性值在指定范围内的元组,其中 BETWEEN 后是范围的下限,AND 后是范围的上限。

【例 4-7】查询单价在 10～20 元之间的所有产品信息。

```
SELECT *
FROM 产品
WHERE 单价 BETWEEN 10 AND 20;
```

等价于:

```
SELECT *
FROM 产品
WHERE 单价>=10 AND 单价<=20;
```

查询结果如图 4-7 所示。

	产品ID	产品名称	供应商ID	类别ID	单位数量	单价	库存量	订购量	再订购基准	停产
1	1	苹果汁	1	1	每箱24瓶	18.00	39	0	10	1
2	2	牛奶	1	1	每箱24瓶	19.00	17	40	25	0
3	3	蕃茄酱	1	2	每箱12瓶	10.00	13	70	25	0

图 4-7　【例 4-7】的查询结果

【例 4-8】查询单价不在 10～20 元之间的所有产品信息。

```
SELECT *
FROM 产品
WHERE 单价 NOT BETWEEN 10 AND 20；
```

等价于：

```
SELECT *
FROM 产品
WHERE 单价≤=10 OR 单价>=20；
```

查询结果如图 4-8 所示。

	产品ID	产品名称	供应商ID	类别ID	单位数量	单价	库存量	订购量	再订购基准	停产
1	3	蕃茄酱	1	2	每箱12瓶	10.00	13	70	25	0
2	4	盐	2	2	每箱12瓶	22.00	53	0	0	0
3	5	麻油	2	2	每箱12瓶	21.35	0	0	0	1
4	6	酱油	3	2	每箱12瓶	25.00	120	0	25	0
5	7	海鲜粉	3	7	每箱30盒	30.00	15	0	10	0
6	8	胡椒粉	3	2	每箱30盒	40.00	6	0	0	0
7	9	鸡	4	6	每袋500克	97.00	29	0	0	1
8	10	蟹	4	8	每袋500克	31.00	31	0	0	0

图 4-8　【例 4-8】的查询结果

3.使用 IN 的查询

运算符限制检索数据的范围,使用 IN 关键字,可以简化查询语句。IN 用来查找属性值属于指定集合的元组,NOT IN 用来查找属性值不属于指定集合的元组。

【例 4-9】查询供应商 ID 为 1、3、4 提供的产品信息,列出产品名称、单价和库存量。

```
SELECT 产品名称,单价,库存量
FROM 产品
WHERE 供应商 ID IN(1、3、4)；
```

查询结果如图 4-9 所示。

图 4-9　【例 4-9】的查询结果

【例 4-10】查询不是供应商 ID 为 1、3、4 提供的产品信息,列出产品名称、单价和库存量。

SELECT 产品名称,单价,库存量
FROM 产品
WHERE 供应商 ID NOT IN(1,3,4);

查询结果如图 4-10 所示。

图 4-10　【例 4-10】的查询结果

4.使用 LIKE 的查询

当不确定查询条件的精确值时,可以使用 LIKE 或 NOT LIKE 进行模糊查询。其一般格式为<属性名>LIKE<字符串常量>,字符串中的通配符及其功能见表 4-2。带有通配符的字符串必须用单引号引起来。

表 4-2　通配符的使用

通配符	说　明	示　例
%	任意多个字符	H%表示查询以 H 开头的任意字符串,如 Hello。 %h 表示查询以 h 结尾的任意字符串,如 Growth。 %h%表示查询在任何位置包含字母 h 的所有字符串,如 hui、zhi
_	单个字符	H_表示查询以 H 开头,后面跟任意一个字符的两位字符串,如 Hi、He
[]	指定范围的单个字符	H[ea]%表示查询以 H 开头,第二个字符是 e 或 a 的所有字符串,如 Health,Hand。 [A-G]%表示查询以 A 到 G 之间的任意字符开头的字符串,如 Apple,Banana,Guide

通配符	说　明	示　例
[^]	不在指定范围的单个字符	H[^ea]%表示查询以 H 开头,第二个字符不是 e 或 a 的所有字符串,如 Hope、Hub [^A－G]%表示查询不是以 A 到 G 之间的任意字符开头的字符串,如 Job、Zoo

【例 4-11】查找产品名称中包含"油"的产品 ID 和产品名称。

SELECT 产品 ID,产品名称
FROM 产品
WHERE 产品名称 LIKE'%油%';

查询结果如图 4-11 所示。

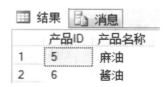

图 4-11　【例 4-11】的查询结果

【例 4-12】查找产品名称以"牛"开头,且只有两个字的产品 ID 和产品名称。

SELECT 产品 ID,产品名称
FROM 产品
WHERE 产品名称 LIKE'牛_';

查询结果如图 4-12 所示。

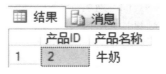

图 4-12　【例 4-12】的查询结果

【例 4-13】查找产品名称中包含"油""粉"的产品 ID 和产品名称。

SELECT 产品 ID,产品名称
FROM 产品
WHERE 产品名称 LIKE'%[油粉]%';

查询结果如图 4-13 所示。

结果 消息

	产品ID	产品名称
1	5	麻油
2	6	酱油
3	7	海鲜粉
4	8	胡椒粉

图 4-13 【例 4-13】的查询结果

【例 4-14】查找产品名称中第三个字不是“油”的产品 ID 和产品名称。

```
SELECT 产品 ID,产品名称
FROM 产品
WHERE 产品名称 LIKE '__[^油]%';
```

查询结果如图 4-14 所示。

结果 消息

	产品ID	产品名称
1	1	苹果汁
2	2	牛奶
3	3	蕃茄酱
4	4	盐
5	9	鸡
6	10	蟹

图 4-14 【例 4-14】的查询结果

5.基于 NULL 空值的查询

SQL 支持空值运算,空值表示未知或不确定的值,空值表示为 NULL。判断某列值是否是 NULL 值,只能使用列名 IS NULL、列名 IS NOT NULL 子句。

【例 4-15】查询传真列为空值的供应商的公司名称、联系人姓名、城市和地区。

```
SELECT 公司名称,联系人姓名,城市,地区
FROM 供应商
WHERE 传真 IS NULL;
```

查询结果如图 4-15 所示。

结果 消息

	公司名称	联系人姓名	城市	地区
1	华达	刘恩华	北京	华北
2	新恩	黄金桂	厦门	华东
3	嘉兴华	王先生	上海	华东
4	康华	郑和通	北京	华北
5	刘记	刘先生	泉州	华东
6	东康王	周小泊	武汉	华中
7	美时	许国民	哈尔滨	东北

图 4-15 【例 4-15】的查询结果

【例 4-16】查询传真为非空值的供应商的公司名称、联系人姓名、城市和地区。

SELECT 公司名称,联系人姓名,城市,地区
FROM 供应商
WHERE 传真 IS NOT NULL;

查询结果如图 4-16 所示。

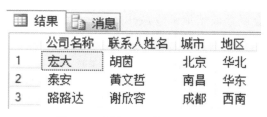

图 4-16　【例 4-16】的查询结果

6.基于多个条件的查询

逻辑运算符 AND 和 OR 可用来联结多个查询条件。NOT 取反优先级最高,AND 的优先级次之,OR 优先级最低,当然用户可以用括号改变优先级。AND 返回满足所有条件的元组,OR 返回满足任一条件的元组,NOT 返回不满足表达式的元组。

【例 4-17】查询由 1、2、4 号供应商提供的所有产品。

SELECT *
FROM 产品
WHERE 供应商 ID=1 OR 供应商 ID=2 OR 供应商 ID=4;

查询结果如图 4-17 所示。

	产品ID	产品名称	供应商ID	类别ID	单位数量	单价	库存量	订购量	再订购基准	停产
1	1	苹果汁	1	1	每箱24瓶	18.00	39	0	10	1
2	2	牛奶	1	1	每箱24瓶	19.00	17	40	25	0
3	3	蕃茄酱	1	2	每箱12瓶	10.00	13	70	25	0
4	4	盐	2	2	每箱12瓶	22.00	53	0	0	0
5	5	麻油	2	2	每箱12瓶	21.35	0	0	0	1
6	9	鸡	4	6	每袋500克	97.00	29	0	0	1
7	10	蟹	4	8	每袋500克	31.00	31	0	0	0

图 4-17　【例 4-17】的查询结果

【例 4-18】查询 3 号供应商提供的且单价大于 25 元的产品信息。

SELECT *
FROM 产品
WHERE 供应商 ID=3 AND 单价＞25 ;

查询结果如图 4-18 所示。

	产品ID	产品名称	供应商ID	类别ID	单位数量	单价	库存量	订购量	再订购基准	停产
1	7	海鲜粉	3	7	每箱30盒	30.00	15	0	10	0
2	8	胡椒粉	3	2	每箱30盒	40.00	6	0	0	0

图 4-18　【例 4-18】的查询结果

7.基于统计函数的查询

统计函数也称为集合函数或聚集函数,它的作用是对一组数据进行计算并返回统计结果值。常用的统计函数见表 4-3。

表 4-3　常用统计函数

统计函数	功　　能
COUNT(＜列名＞)	求组中项数,返回整数,返回指定表达式的所有非空值的计数
SUM(＜列名＞)	求和,返回表达式中所有值的和
AVG(＜列名＞)	求均值,返回表达式中所有值的平均值
MAX(＜列名＞)	求最大值,返回表达式中所有值的最大值
MIN(＜列名＞)	求最小值,返回表达式中所有值的最小值

【例 4-19】求产品表中产品的数量。

```
SELECT COUNT( * )AS'产品总数'
FROM 产品;
```

查询结果如图 4-19 所示。

	产品总数
1	10

图 4-19　【例 4-19】的查询结果

【例 4-20】求产品表中产品的最高价格和最低价格。

```
SELECT MAX(单价)'最高价格',MIN(单价)'最低价格'
FROM 产品;
```

查询结果如图 4-20 所示。

	最高价格	最低价格
1	97.00	10.00

图 4-20　【例 4-20】的查询结果

4.2.3　查询结果处理

当查询结果需要按顺序显示时，可以使用 ORDER BY 子句。ORDER BY 子句必须出现在其他子句后面。排序方式可以指定：DESC 为降序，ASC 为升序，缺省时为升序。

ORDER BY 排序子句的格式如下：

```
ORDER BY<列名>[ASC|DESC][,...n]
```

ORDER BY 子句后面可以指定多个用逗号分隔的列名，当指定多个列时，首先按第一列进行排序，如果排序后存在列值相同的行，则依据第二列进行排序，依此类推。

【例 4-21】查询所有产品的产品 ID、产品名称和单价，要求结果按单价降序排列。

```
SELECT 产品 ID,产品名称,单价
FROM 产品
ORDER BY 单价 DESC;
```

查询结果如图 4-21 所示。

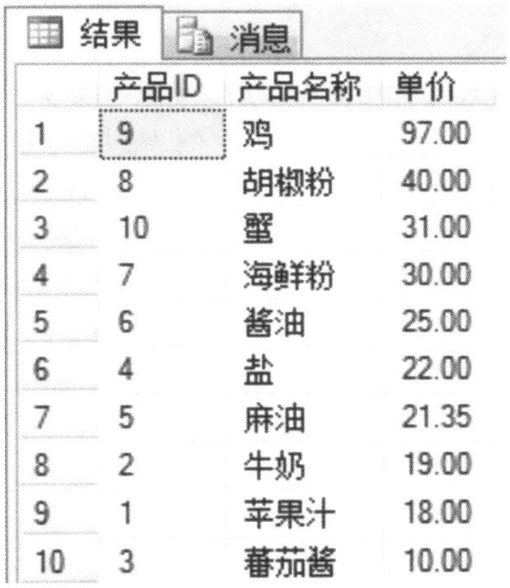

	产品ID	产品名称	单价
1	9	鸡	97.00
2	8	胡椒粉	40.00
3	10	蟹	31.00
4	7	海鲜粉	30.00
5	6	酱油	25.00
6	4	盐	22.00
7	5	麻油	21.35
8	2	牛奶	19.00
9	1	苹果汁	18.00
10	3	蕃茄酱	10.00

图 4-21　【例 4-21】的查询结果

【例 4-22】查询所有产品信息，结果显示产品 ID、产品名称、单价、库存量，要求按单价降序排列，单价相同的情况下按库存量升序排列。

```
SELECT 产品 ID,产品名称,单价,库存量
FROM 产品
ORDER BY 单价 DESC,库存量 ASC;
```

查询结果如图 4-22 所示。

	产品ID	产品名称	单价	库存量
1	9	鸡	97.00	29
2	8	胡椒粉	40.00	6
3	10	蟹	31.00	31
4	7	海鲜粉	30.00	15
5	6	酱油	25.00	120
6	5	麻油	22.00	0
7	4	盐	22.00	53
8	2	牛奶	19.00	17
9	1	苹果汁	18.00	39
10	3	蕃茄酱	10.00	13

图 4-22 【例 4-22】的查询结果

4.2.4 分组查询

1.简单的分组查询

有时需要把 FROM、WHERE 子句产生的表按某种原则分成若干组，再对每个组进行统计，一组形成一行，最后把所有这些行组成一个表，称为组表。此时可以使用 GROUP BY 子句。GROUP BY 子句在 WHERE 子句后面，一般格式如下：

```
GROUP BY <分组列>[,... n]
```

其中，<分组列>是分组的依据。分组原则是<分组列>的列值相同，就为同一组。当有多个<分组列>时，则先按第一个列值分组，然后对每一组再按第二个列值进行分组，依此类推。

【例 4-23】分组查询不同供应商提供的产品数量。

```
SELECT 供应商 ID,COUNT( * )'提供产品'
FROM 产品
GROUP BY 供应商 ID;
```

查询结果如图 4-23 所示。

	供应商ID	提供产品
1	1	3
2	2	2
3	3	3
4	4	2

图 4-23 【例 4-23】的查询结果

2.筛选分组查询

使用 GROUP BY 子句可以进行分组，将表中数据按照 GROUP BY 子句指定的分组字段,字段值相同的分成一组。如果还要搜索满足一定条件的分组,则需要使用 HAVING 子句对分组进行筛选。

【例 4-24】分组查询不同供应商提供的产品数量,并且只显示提供产品数量大于 2 的供应商相关信息。

```
SELECT 供应商 ID,COUNT( * )'提供产品'
FROM 产品
GROUP BY 供应商
ID HAVING COUNT( * )>2;
```

查询结果如图 4-24 所示。

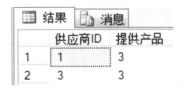

图 4-24　【例 4-24】的查询结果

4.3　连接查询

前面的查询都是针对一个表进行的。如果一个查询同时涉及两个以上的表,则称之为连接查询。连接查询是关系数据库中最主要的查询,包括内连接查询、外连接查询、交叉连接查询、自身连接查询、复合条件连接查询等。

4.3.1　内连接

内连接是比较常用的一种数据连接查询方式。它使用比较运算符对多张基表数据进行比较操作,并列出满足连接条件的所有的数据行。一般用 INNER JOIN 或 JOIN 关键字来指定内连接,内连接又可分为等值连接、非等值连接和自然连接 3 种。

内连接的语法格式为:

```
SELECT <目标列名表>
FROM 表 1 INNER JOIN 表 2[ON 连接条件]
[WHERE 查询条件]
```

等值与非等值连接运算是在 WHERE 子句中加入连接多个表的连接条件,其一般格式为:[<表名 1>.] <列名 1> <比较运算符>[<表名 2>.] <列名 2>,其中比较运算符主要有=、>、<、>=、<=、! =(或<>)等。当连接运算符为"="时,称为等值连接;使用其他运算符时,称为非等值连接。连接条件中的列名称为连接字段,各连接字段的类型必须是可比的,但名字不必相同。

1.等值连接

常用的等值连接条件格式如下：

WHERE ＜表名1＞.＜列名1＞＝＜表名2＞.＜列名2＞

【例4-25】查询供应商及供应商提供的产品信息（用WHERE子句实现）。

SELECT 供应商.供应商ID,公司名称,产品名称,单价,库存量

FROM 供应商,产品

WHERE 供应商.供应商ID＝产品.供应商ID；

查询结果如图4-25所示。

	供应商ID	公司名称	产品名称	单价	库存量
1	1	华达	苹果汁	18.00	39
2	1	华达	牛奶	19.00	17
3	1	华达	番茄酱	10.00	13
4	2	新恩	盐	22.00	53
5	2	新恩	麻油	22.00	0
6	3	宏大	酱油	25.00	120
7	3	宏大	海鲜粉	30.00	15
8	3	宏大	胡椒粉	40.00	6
9	4	嘉兴华	鸡	97.00	29
10	4	嘉兴华	蟹	31.00	31

图4-25 【例4-25】的查询结果

另一种等值连接方法可以使用INNER JOIN实现，以下举例说明之。

【例4-26】查询供应商及供应商提供的产品信息（用INNER JOIN的方式实现）。

SELECT 供应商.供应商ID,公司名称,产品名称,单价,库存量

FROM 供应商 INNER JOIN 产品

ON 供应商.供应商ID＝产品.供应商ID；

查询结果如图4-26所示。

	供应商ID	公司名称	产品名称	单价	库存量
1	1	华达	苹果汁	18.00	39
2	1	华达	牛奶	19.00	17
3	1	华达	番茄酱	10.00	13
4	2	新恩	盐	22.00	53
5	2	新恩	麻油	22.00	0
6	3	宏大	酱油	25.00	120
7	3	宏大	海鲜粉	30.00	15
8	3	宏大	胡椒粉	40.00	6
9	4	嘉兴华	鸡	97.00	29
10	4	嘉兴华	蟹	31.00	31

图4-26 【例4-26】的查询结果

利用关键字 JOIN 进行连接:当将 JOIN 关键词放于 FROM 子句中时,使用关键词 ON 来表明连接的条件。JOIN 的分类见表 4-4。

表 4-4　JION 连接的分类

INNER JOIN	显示符合条件的记录,此为默认值
LEFT(OUTER)JOIN	左(外)连接,用于显示符合条件的数据行以及左边表中不符合条件的数据行,此时右边数据行会以 NULL 来显示
RIGHT(OUTER)JOIN	右(外)连接,用于显示符合条件的数据行以及右边表中不符合条件的数据行,此时左边数据行会以 NULL 来显示
FULL(OUTER)JOIN	显示符合条件的数据行以及左边表和右边表中不符合条件的数据行,此时缺乏数据的数据行会以 NULL 来显示
CROSS JOIN	将一个表的每一个记录和另一个表的每一个记录匹配成新的数据行

2.非等值连接

非等值连接查询就是在连接条件中使用等号以外的比较运算符,比如>、<、>=、<=、<>,也可使用范围运算符 BETWEEN。

【例 4-27】查询供应商提供的产品单价大于 38 元的信息,要求显示供应商 ID、公司名称、产品名称、单价和库存量。

SELECT 供应商.供应商 ID,公司名称,产品名称,单价,库存量
FROM 供应商 INNER JOIN 产品
ON 供应商.供应商 ID=产品.供应商 ID AND 单价>38;

查询结果如图 4-27 所示。

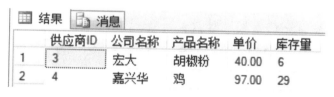

图 4-27　【例 4-27】的查询结果

3.自然连接

使用自然连接查询时,它将具有相同名称的列进行记录匹配。SQL 不直接支持自然连接,完成自然连接的方法是在等值连接的基础上消除重复列。

【例 4-28】查询所有供应商提供产品的情况,要求显示供应商 ID、公司名称、产品名称、单价和库存量。

SELECT 供应商.供应商 ID,公司名称,产品名称,单价,库存量
FROM 供应商 INNER JOIN 产品
ON 供应商.供应商 ID=产品.供应商 ID;

查询结果如图 4-28 所示。

图 4-28　【例 4-28】的查询结果

4.3.2　外连接

在通常的连接操作中，只有满足连接条件的元组才能作为结果输出，有些元组在连接时被舍弃了。然而在实际应用中，往往需要将舍弃的元组也保存在结果表中，而在其他属性上填空值，这种连接就称为外连接。外连接分为左外连接、右外连接和完全外连接 3 种。如果只把左边表中要舍弃的元组保留，就称为左外连接（LEFT OUTER JOIN 或 LEFT JOIN）；如果只把右边表中要舍弃的元组保留，就称为右外连接（RIGHT OUTER JOIN 或 RIGHT JOIN）；如果把左边表和右边表中要舍弃的元组都保留，就称为完全连接（FULL OUTER JOIN 或 FULL JOIN）。

外连接的语法格式如下：

SELECT ＜目标列名表＞
FROM 表 1 ＜LEFT|RIGHT|FULL＞　［OUTER］JOIN 表 2［ON 连接条件］
［WHERE 查询条件］
［ORDER BY 排序条件］

1.左外连接

在外部连接中，参与连接的表有主从之分，以主表的每行数据去匹配从表的数据列，符合连接条件的数据将直接返回到结果集中；对那些不符合连接条件的列，将被填上 NULL 值后再返回到结果集中。

左外连接是指返回所有的匹配行并从关键字 JOIN 左边的表中返回所有不匹配行。

【例 4-29】使用左外连接查询所有供应商提供产品的情况，要求显示供应商 ID、公司名称、产品名称、单价和库存量。

SELECT 供应商.供应商 ID,公司名称,产品名称,单价,库存量
FROM 供应商 LEFT JOIN 产品
ON 供应商.供应商 ID＝产品.供应商 ID;

查询结果如图 4-29 所示。

图 4-29　【例 4-29】的查询结果

2.右外连接

右外连接中 JOIN 关键字右边的表为主表,左边的表为从表。。

【**例 4-30**】使用右外连接,查询所有供应商提供产品的情况,要求显示供应商 ID、公司名称、产品名称、单价和库存量。

SELECT 供应商.供应商 ID,公司名称,产品名称,单价,库存量
FROM 供应商 RIGHT JOIN 产品
ON 供应商.供应商 ID=产品.供应商 ID;

查询结果如图 4-30 所示。

图 4-30　【例 4-30】的查询结果

3.完全外连接

完全外连接是指将从被连接的表中返回所有可能的行的组合。使用完全外连接时不要求连接的表一定拥有相同的列。尽管在一个规范化的数据库中很少使用完全外连接,但可以利用它为数据库生成测试数据,或为核心业务模板生成所有可能组合的清单。在使用完全外连接时,SQL Server 将生成一个笛卡尔积,其结果集的行数等于两个表的行数的乘积。如果完全外连接带有 WHERE 子句,则返回结果为连接两个表的笛卡尔积减去 WHERE 子句所限定而省略的行数。

【例 4-31】使用完全外连接查询所有供应商提供产品的情况,要求显示供应商 ID、公司名称、产品名称、单价和库存量。

SELECT 供应商.供应商 ID,公司名称,产品名称,单价,库存量
FROM 供应商 FULL OUTER JOIN 产品
ON 供应商.供应商 ID=产品.供应商 ID;

查询结果如图 4-31 所示。

	供应商ID	公司名称	产品名称	单价	库存量
1	1	华达	苹果汁	18.00	39
2	1	华达	牛奶	19.00	17
3	1	华达	蕃茄酱	10.00	13
4	2	新恩	盐	22.00	53
5	2	新恩	麻油	22.00	0
6	3	宏大	酱油	25.00	120
7	3	宏大	海鲜粉	30.00	15
8	4	嘉兴华	鸡	97.00	29
9	4	嘉兴华	蟹	31.00	31
10	5	康华	NULL	NULL	NULL
11	6	刘记	NULL	NULL	NULL
12	7	泰安	NULL	NULL	NULL
13	8	东康王	NULL	NULL	NULL
14	9	路路达	NULL	NULL	NULL
15	10	美时	NULL	NULL	NULL
16	NULL	NULL	胡椒粉	40.00	6

图 4-31 【例 4-31】的查询结果

上述查询结果包含了一些有 NULL 值的数据,尽管这些行没有匹配的列,但在查询结果中仍然被包含进去。在完全外连接查询中,无论是左表数据还是右表数据,不管是否能够找到匹配的行,都将显示出来,在不匹配的行的相应列位置填 NULL 值。

4.3.3　交叉连接

当两张基表进行交叉连接时,将生成这两张基表的各行的所有可能组合。在结果集

中,两张基表中任意两行都会组合成由更多列组成的行。交叉连接的语法格式如下:

> SELECT ＜目标列名表＞
>
> FROM 表 1 CROSS JOIN 表 2
>
> ［WHERE 查询条件］
>
> ［ORDER BY 排序条件］

当交叉连接查询语句中没有 WHERE 子句时,返回的结果集是两张基表的所有行的笛卡尔积,结果集的元组数量为表 1 的行数乘以表 2 的行数。

【例 4-32】使用交叉连接查询所有供应商提供产品的情况,要求显示供应商 ID、公司名称、产品名称、单价和库存量。

> SELECT 供应商.供应商 ID,公司名称,产品名称,单价,库存量
>
> FROM 供应商 CROSS JOIN 产品

查询的部分结果如图 4-32 所示。

图 4-32　【例 4-32】的部分查询结果

本查询结果只显示一部分,从查询结果右下角可以看出得到了 100 条记录。

4.3.4　自身连接

在进行基表连接时,一种特殊的情况是,一张基表和它自己本身进行连接,该连接称为自身连接。

【例 4-33】使用自身连接查询产品"牛奶"的供应商所提供的全部产品名称。

> SELECT B.产品名称
>
> FROM 产品 A,产品 B
>
> WHERE A.供应商 ID＝B.供应商 ID AND A.产品名称＝'牛奶'

查询结果如图 4-33 所示。

图 4-33　【例 4-33】的查询结果

自身连接两张表由于表名一样,因此需要为它们分别取别名,如上例中把产品表分别命名为 A、B 表加以区别。

4.4 子查询

在 SQL 语言中,一个 SELECT－FROM－WHERE 语句称为一个查询块。如果一个查询块嵌套在另一个查询块中,通常是嵌套于 WHERE 子句或 HAVING 子句的条件中,这种具有多个查询块的查询称为子查询或嵌套查询。其中,上层的查询块称为外层查询或父查询,下层的查询块称为内层查询或子查询。SQL 语法允许多层嵌套。利用子查询,我们可以用多个简单的查询实现较为复杂的查询,增强 SQL 的查询可读性。

需要注意的是,子查询中的 SELECT 语句中不能使用 ORDER BY 排序,ORDER BY 子句只能放在最外围的查询块,实现对最终查询结果的排序。

4.4.1 非相关子查询

子查询的查询条件不依赖于父查询,称为非相关子查询。一种求解非相关子查询的方法是由里向外处理,即先执行子查询,子查询的结果用于建立其父查询的查找条件。因此,也可以说外查询的查询结果依赖于子查询的查询结果。

非相关子查询的查询结果可以是一行或多行,返回一行的非相关子查询通常使用比较运算符;返回多行的非相关子查询通常使用比较运算符或 ANY、ALL、IN、NOT IN。

如果子查询返回多个结果集合,则外查询条件中不能直接用 9 个比较运算符中的任意一个,因为某一行的一个列值不能与一个集合比较,而必须使用 ANY、ALL、SOME、IN、NOT IN 等关键字。其使用格式如下:

〈列名〉〈比较符〉［ANY|ALL］〈子查询〉

其语义为:

＞ANY(＞＝ANY):大于(大于等于)子查询结果中的某个值。

＜ANY(＜＝ANY):小于(小于等于)子查询结果中的某个值。

＝ANY:等于子查询结果中的某个值。

！＝ANY 或＜＞ANY:不等于子查询结果中的某个值。

＞ALL(＞＝ALL):大于(大于等于)子查询结果中的所有值。

＜ALL(＜＝ALL):小于(小于等于)子查询结果中的所有值。

！＝ALL 或＜＞ALL:不等于子查询结果中的任何一个值。

【例 4-34】查询比"宏大"供应商提供的所有产品单价都高的产品信息,显示结果包含产品名称、单价和库存量。

```
SELECT 产品名称,单价,库存量
FROM 产品
WHERE 单价＞ALL(SELECT 单价
              FROM 供应商,产品
              WHERE 供应商.供应商 ID＝产品.供应商 ID AND 公司名称
              ＝'宏大')
```

查询结果如图 4-34 所示。

图 4-34 【例 4-34】的查询结果

【例 4-35】查询比"宏大"供应商提供的某一产品单价都高的产品信息,显示结果包含产品名称、单价和库存量。

```
SELECT 产品名称,单价,库存量
FROM 产品
WHERE 单价＞ANY(SELECT 单价
              FROM 供应商,产品
              WHERE 供应商.供应商 ID＝产品.供应商 ID AND 公司名称
              ＝'宏大')
```

或

```
SELECT 产品名称,单价,库存量
FROM 产品
WHERE 单价＞SOME(SELECT 单价
               FROM 供应商,产品
               WHERE 供应商.供应商 ID＝产品.供应商 ID AND 公司名称
               ＝'宏大')
```

查询结果如图 4-35 所示。

图 4-35 【例 4-35】的查询结果

查询涉及多个表时，用子查询方法逐步求解，层次清楚，易于构造，具有结构化程序设计的优点。有些嵌套查询可以用连接运算替代，有些则不能。采用哪种查询方法，用户可以根据自己的习惯确定。

4.4.2 相关子查询

相关子查询是指子查询的执行不能单独运行，必须依赖于外查询。相关子查询的执行过程和非相关子查询的执行过程有很大不同，它首先由外查询的第一条记录开始，对该记录进行内查询，完成后又回到外查询的第二条记录进行内查询，如此反复，直到外查询所有记录处理完成，相关子查询结束。

带有 EXISTS 谓词的子查询不返回任何数据，只产生逻辑值“true”或“false”。若内层子查询的结果非空，则外层的 WHERE 子句返回真值；否则，返回假值。

【例 4-36】查询有提供产品的所有供应商信息，显示结果包含供应商 ID 和公司名称。

```
SELECT 供应商 ID,公司名称
FROM 供应商
WHERE EXISTS(SELECT * FROM 产品
                WHERE 供应商.供应商 ID=产品.供应商 ID);
```

查询结果如图 4-36 所示。

结果 消息

	供应商ID	公司名称
1	1	华达
2	2	新恩
3	3	宏大
4	4	嘉兴华

图 4-36 【例 4-36】的查询结果

【例 4-37】查询“宏大”供应商提供的所有产品信息，显示结果包含产品名称、单价和库存量。

```
SELECT 产品名称,单价,库存量
FROM 产品
WHERE EXISTS(SELECT * FROM 供应商
                WHERE 供应商.供应商 ID=产品.供应商 ID AND 公司名称=
                  '宏大');
```

查询结果如图 4-37 所示。

结果 消息

	产品名称	单价	库存量
1	酱油	25.00	120
2	海鲜粉	30.00	15

图 4-37 【例 4-37】的查询结果

【**例 4-38**】查询不是"宏大"供应商提供的所有产品信息，显示结果包含产品名称、单价和库存量。

SELECT 产品名称,单价,库存量
FROM 产品
WHERE NOT EXISTS(SELECT * FROM 供应商
　　　　　　　　WHERE 供应商.供应商 ID=产品.供应商 ID AND 公司名称
　　　　　　　　='宏大');

查询结果如图 4-38 所示。

	产品名称	单价	库存量
1	苹果汁	18.00	39
2	牛奶	19.00	17
3	蕃茄酱	10.00	13
4	盐	22.00	53
5	麻油	22.00	0
6	胡椒粉	40.00	6
7	鸡	97.00	29
8	蟹	31.00	31

图 4-38　【例 4-38】的查询结果

【**例 4-39**】查询没有提供任何产品的所有供应商信息，显示结果包含供应商 ID 和公司名称。

SELECT 供应商 ID,公司名称
FROM 供应商
WHERE NOT EXISTS(SELECT * FROM 产品
　　　　　　　　WHERE 供应商.供应商 ID=产品.供应商 ID);

查询结果如图 4-39 所示。

	供应商ID	公司名称
1	5	康华
2	6	刘记
3	7	泰安
4	8	东康王
5	9	路路达
6	10	美时

图 4-39　【例 4-39】的查询结果

【**例 4-40**】查询采购了所有产品的订单信息，显示结果列出订单 ID、客户 ID、货主名称和货主城市。

SQL 语句中没有支持全称量词的表达方式,但我们可以将全称量词转换为等价的存在量词:$(\forall x)P\equiv\bar{}(\exists x(\bar{}P))$

本例中可将查询采购了所有产品的订单转换为查找满足以下条件的订单:在产品表里,没有一样产品它没有订购。

```
SELECT 订单 ID,客户 ID,货主名称,货主城市
FROM 订单
WHERE NOT EXISTS(SELECT * FROM 产品
                    WHERE NOT EXISTS(SELECT *
                                        FROM 订单明细
                                        WHERE 订单.订单 ID＝订单明细.
                                            订单 ID
                                        AND 订单明细.产品 ID＝产品.产
                                            品 ID));
```

查询结果如图 4-40 所示。

图 4-40 【例 4-40】的查询结果

4.5 基于 Transact-SQL 的查询

SQL 以记录集合作为操作对象,可以写出非常灵活的数据库访问语句。而 Microsoft SQL Server 的 Transact-SQL 语言为我们提供了丰富的变量、标识符、数据类型、表达式、控制流语句等语言元素,在编写 SQL 查询语句时将这些语言元素附加进来,可以实现更复杂的查询效果。

【例 4-41】按不同的价格区间查询所有产品的信息,显示结果包含产品名称、价格区间和库存量。

```
SELECT 产品名称,CASE
        WHEN 单价 between 0 and 9.99 THEN '[0,10)'
        WHEN 单价 between 10 and 19.99 THEN '[10,20)'
        WHEN 单价 between 20 and 29.99 THEN '[20,30)'
        WHEN 单价 between 30 and 39.99 THEN '[30,40)'
```

```
        WHEN 单价 between 40 and 49.99 THEN '[40,50)'
        ELSE '>=50 '
            END as '价格区间',库存量
FROM 产品
```

查询结果如图 4-41 所示。

	产品名称	价格区间	库存量
1	苹果汁	[20,30)	39
2	牛奶	[20,30)	17
3	蕃茄酱	[10,20)	13
4	盐	[20,30)	53
5	麻油	[20,30)	0
6	酱油	[20,30)	120
7	海鲜粉	>=50	15
8	胡椒粉	[40,50)	6
9	鸡肉	[30,40)	29
10	蟹肉	>=50	31

图 4-41　【例 4-41】的查询结果

【例 4-42】查询所有雇员的信息，显示结果包括雇员 ID、姓名和年龄。

```
SELECT 雇员 ID,姓名,CAST(GETDATE()－出生日期 AS int)/365 AS 年龄
FROM 雇员
```

查询结果如图 4-42 所示。

	雇员ID	姓名	年龄
1	1	刘伟庭	33
2	2	肖伟	40
3	3	陈吉州	29
4	4	刘杰斌	33
5	5	柯俊杰	37
6	6	谢晓晴	35
7	7	方志杰	42
8	8	高宇	33
9	9	王东来	33

图 4-42　【例 4-42】的查询结果

4.6 组合查询

SELECT 语句的查询结果是元组的集合,多个 SELECT 语句的查询结果可进行组合操作,也称为集合操作。组合操作主要包括并操作(UNION)、交操作(INTERSECT)和差操作(EXCEPT)。需要注意的是,参加组合操作的各查询结果的列数和相应的数据类型必须相同。

4.6.1 并运算

并运算是将两个查询结果合并,并消去重复行。

【例 4-43】查询 1 号和 3 号供应商提供的产品信息,结果显示包括产品 ID、产品名称和供应商 ID。

```
SELECT 产品 ID,产品名称,供应商 ID
FROM 产品
WHERE 供应商 ID＝1
UNION
SELECT 产品 ID,产品名称,供应商 ID
FROM 产品
WHERE 供应商 ID＝3
```

查询结果如图 4-43 所示。

	产品ID	产品名称	供应商ID
1	1	苹果汁	1
2	2	牛奶	1
3	3	蕃茄酱	1
4	6	酱油	3
5	7	海鲜粉	3

图 4-43 【例 4-43】的查询结果

4.6.2 交运算

交运算是将同时属于两个查询结果表的行作为最终结果集。

【例 4-44】查询 1 号和 3 号供应商提供的产品信息的交集,结果显示包括产品 ID、产品名称和供应商 ID。

```
SELECT 产品 ID,产品名称,供应商 ID
FROM 产品
WHERE 供应商 ID=1
INTERSECT
SELECT 产品 ID,产品名称,供应商 ID
FROM 产品
WHERE 供应商 ID=3
```

查询结果如图 4-44 所示。

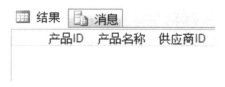

图 4-44　【例 4-44】的查询结果

4.6.3　差运算

差运算是将属于第一个查询结果集而不属于第二个查询结果集的行组成最终的结果集。

【例 4-45】查询 1 号和 3 号供应商提供的产品信息的差集,结果显示包括产品 ID、产品名称和供应商 ID。

```
SELECT 产品 ID,产品名称,供应商 ID
FROM 产品
WHERE 供应商 ID=1
EXCEPT
SELECT 产品 ID,产品名称,供应商 ID
FROM 产品
WHERE 供应商 ID=3
```

查询结果如图 4-45 所示。

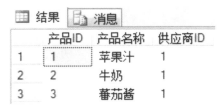

图 4-45　【例 4-45】的查询结果

有些关系数据库管理系统(relational database management system,RDBMS)只提供了 UNION 运算符,没有提供 INTERSECT 和 EXCEPT 运算符,可以用其他方法,如

EXISTS、IN 语句来实现。

4.7 本章小结

　　本章主要介绍了 SQL 语句中的查询部分,即 SELECT 语句。本章从 SELECT 语句的语法结构开始,结合实际案例,介绍了 SELECT 各个子句的使用,并根据查询涉及的表数量多少,分为基于单表的查询和基于多表的查询。在单表查询时,从仅包含 SELECT、FROM 子句的简单查询开始,陆续介绍了 WHERE 子句、ORDER BY 子句、分组统计的 GROUP BY 子句、基于组的筛选的 HAVING 子句;在涉及多表查询时,需要将多张表进行连接,进而介绍了常见的连接类型,并且从内连接、外连接、交叉连接和自身连接类型出发,结合具体实例进行介绍。接着根据常见的子查询分类,介绍了非相关子查询和相关子查询两个类型的嵌套查询。最后介绍了组合查询,实现查询结果的并、交和差运算。

第5章　索引与视图

在日常生活中,索引的应用时常可见,如在书中查找有关"数据查询"方面的内容,人们会先到目录查找这部分内容对应的页码,然后直接跳转到该页码找出相应内容。这种方法显然比直接翻阅书要方便快捷。如果把数据库比作一本书,那么索引就像是书的目录,通过索引可以大大提高查询速度。索引作为数据库随机检索的常用手段,其本质是一张记录了关键字与其相应地址的"目录"表。另外,在 SQL Server 中,行的唯一性也是通过建立唯一索引来维护的。因此,索引的作用可归纳为加快查询速度和保证行的唯一性。

视图可以看成是虚拟表或存储查询,SELECT 语句的查询结果集构成了视图返回的虚拟表。视图是从一张或者多张表(也可以是视图)中导出的虚拟表,其结构和数据是建立在对表的查询基础上的。视图包括几个数据列和多个数据行,与真实的表看起来并无差异,但从本质上讲,这些数据的来源是查询语句中所引用的表。所以说视图不是真实存在的基础表而是一个虚拟表,视图所对应的数据并不实际地以视图结构存储于数据库中,而依然存储在视图所引用的表中。

本章将详细介绍有关索引和视图的内容。

本章学习目标
➢索引概念与分类。
➢索引创建与使用。
➢视图的概念与特点。
➢创建与修改创视图(使用 CREATE VIEW、ALTER VIEW 语句)。
➢通过视图修改基表数据。

5.1　索引概述

通过数据库中的索引,用户可以更加快速地找到所需的表或索引视图中的信息。索引包含从表或视图中一个或若干列生成的键,以及映射指定数据存储位置的指针。数据库中通过设计合理的索引,可以显著提高数据查询的效率。另外,索引还可以强制表中的列取值具有唯一性,从而实现数据的完整性。

5.1.1　索引的基本概念

数据库中的索引就像是书本中的目录,浏览一本书时,利用目录人们可以更快地找到所需的内容。同样,在数据库中使用了索引,无须对整个表进行扫描就可以找到相应的数据。可以这么说,数据库表的索引就是将这个表中的数据按照某若干列值的大小排列,但不改变数据行的存储位置,而在原表外产生的一个非结构数据文件。

索引的作用:

(1)通过创建唯一索引可以保证数据行取值的唯一性。

(2)使用索引可以大大加快数据检索的速度。

(3)使用索引可加快多表之间的连接,便于实现数据的参照完整性。

(4)在使用 ORDER BY 和 GROUP BY 子句的情况下,使用索引可显著缩短分组和排序的时间。

(5)通过索引可以在检索数据的过程中使用优化隐藏器,从而提高系统性能。

5.1.2 索引的分类

数据库的表和视图可以包含以下类型的索引。

1.聚集索引

在聚集索引中,索引的顺序决定数据表中记录行的顺序,由于数据表中记录行经过排序,因此每个表只能有一个聚集索引。聚集索引对表中数据存放的位置预先进行了排序,因此使用聚集索引能更快地搜索到数据。

当对一个表定义主键时,聚集索引将自动、隐式地被创建。聚集索引一般是在字段值唯一的字段上创建,特别是在主键上创建。若在某非唯一的字段上创建聚集索引,那么 SQL Server 会对此重复字段值的记录添加 4 个字节的标识符,以完成对这些记录的唯一性标识。

聚集索引确定了表中记录的物理顺序,它适用于使用频率较频繁的查询、唯一性查询、范围查询等。这些查询主要包括 BETWEEN、>=、>、<=、<等运算符的查询,使用 JOIN、GROUP BY 子句的查询以及返回大结果集的查询。

创建聚集索引时可以考虑选择以下情况的字段:

(1)字段值是唯一的或者绝大部分字段值不重复的字段。

(2)按顺序被访问的字段。

(3)结果集中经常被查询的字段。

而以下情况的字段应尽量避免创建聚集索引:

(1)更新频繁的字段。因为数据一旦更新,聚集索引为保持数据的一致性必将移动表中的数据,而这种移动是相当耗时的。

(2)宽度较长的字段。因为非聚集索引键值需要保存聚集索引键值,这样无形中就增加非聚集索引的长度。

2.非聚集索引

在非聚集索引中,索引的结构完全独立于数据行的结构,数据表中记录行的顺序和索引的顺序不相同,索引表仅仅包含指向数据表的指针,这些指针本身是有序的,用于在表中快速定位数据行。一个表可以有多个非聚集索引。

非聚集索引与数据表是分开的,它的改动不会影响到原数据表。对一张表,人们可以创建一种或多种不同类型的非聚集索引。但是,非聚集索引不是创建得越多越好,需要考虑以下几方面情况:

（1）对数据量大、更新少的表特别适宜创建非聚集索引。在更新操作频繁的表字段创建非聚集索引，会降低系统的性能。

（2）在创建非聚集索引时，尽量避免涉及多字段的索引，涉及的字段越少越好。

5.2　索引的操作

索引的生成分为自动和人工创建两种方式。在创建表约束时，系统会自动创建相应的索引，还可以在表创建之后，通过 SSMS 或 CREATE INDEX 语句来创建。

5.2.1　创建索引

在 Microsoft SQL Server 2014 中，通过定义主键约束或唯一性约束可以间接创建索引。例如，在某表中创建了主键约束，系统会自动创建相对应的唯一聚集索引。同样，在创建唯一性约束时，系统也会自动创建唯一的非聚集索引。

当用户创建索引时，既可以使用 CREATE INDEX 语句，也可以直接使用 SSMS 图形化工具来实现。

1.使用 Microsoft SSMS 图形化工具创建索引

使用 Microsoft SSMS 图形化工具创建索引的步骤如下：

（1）从"开始"菜单上选择"程序"— Microsoft SQL Server 2014 — SQL Server Management Studio 命令。

（2）在"对象资源管理器"窗口中，选择要建立索引的表，在弹出的快捷菜单中选择"新建索引"命令，如图 5-1 所示。

图 5-1　新建索引窗口

（3）输入索引名称，选择索引类型，点击"添加"按钮，如图 5-2 所示。

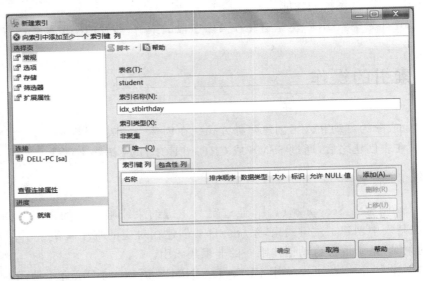

图 5-2　输入名称窗口

（4）在"选择页"中可以设置填充因子等参数（填充因子指示索引页的填满程度），点击"确定"按钮（图 5-3），则索引创建完成。

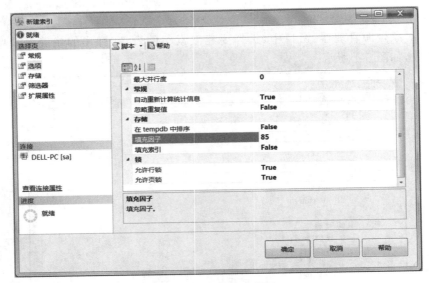

图 5-3　参数情况窗口

2.使用 CREATE INDEX 语句创建索引

在 Microsoft SQL Server 2014 中使用 CREATE INDEX 语句，用户可以创建不同类型的索引。其语法格式如下：

```
CREATE[UNIQUE][CLUSTERED|NONCLUSTERED] INDEX index_name
ON table_or_view_name(column[ASC|DESC][,...n])
[INCLUDE(column_name[,...n])]
[WITH
(      PAD_INDEX={ON|OFF}
    |  FILLFACTOR=fillfactor
    |  SORT_IN_TEMPDB={ON|OFF}
    |  IGNORE_DUP_KEY={ON|OFF}
    |  STATISTICS_NORECOMPUTE={ON|OFF}
    |  DROP_EXISTING={ON|OFF}
    |  ONLINE={ON|OFF}
    |  ALLOW_ROW_LOCKS={ON|OFF}
    |  ALLOW_PAGE_LOCKS={ON|OFF}
    |  MAXDOP=max_degree_of_parallelism)[,...n])]
ON {partition_schema_name(column_name)|filegroup_name|default}
```

其中，

UNIQUE 选项：表示具有唯一性的索引，索引列中不能出现两个相同的列值。

CLUSTERED 选项：表示聚集索引。相应的 NONCLUSTERED 则表示非聚集索引，其中 NONCLUSTERED 是 CREATE INDEX 语句的默认选项。

第一个 ON 关键字：用于指定表或视图的名称。

列名称后面的 ASC 或 DESC 关键字：分别用来指定升序（ASC）或降序（DESC），默认值为 ASC。

第二个 ON 关键字：用于指定索引的分区方案或者文件组名称。

INCLUDE 子句：指定要添加到非聚集索引的叶级别的非键列。

PAD_INDEX 选项：指定索引的中间页级，为非叶级索引页指定填充度。这里的填充度由参数 FILLFACTOR 指定。

SORT_IN_TEMPDB 选项：值为 ON 时，指定创建索引所产生的中间结果放在 tempdb 数据库中；否则在当前数据库中。

IGNORE_DUP_KEY 选项：在执行 INSERT 命令往表中插入数据时，若选项值为 ON，将撤销违反唯一性的行数据；而选项值为 OFF 时，则取消整个 INSERT 语句。

STATISTICS_NORECOMPUTE 选项：选项为 ON 时，不自动计算过期的索引统计信息；选项为 OFF 时，则启动自动计算索引统计信息。

DROP_EXISTING 选项：选项为 ON 时，删除并且重建索引；默认为 OFF，不删除和重建。

ONLINE 选项：指定索引操作期间基础表和关联索引是否可用于查询。

ALLOW_ROW_LOCKS、ALLOW_PAGE_LOCKS 选项：分别用于指定是否使用行锁、页锁。

MAXDOP 选项：指定索引操作期间覆盖最大并行度的配置。

【例 5-1】在数据库 Company 的"产品"表中的"产品 ID"列上创建名为"index_产品 ID"

的聚集索引。

```
USE Company
GO
CREATE CLUSTERED INDEX index_产品 ID ON 产品(产品 ID)
```

用户可以通过 CREATE 命令创建索引,通过关键字 CLUSTERED 或 NOCLUS-TERED 指定建立聚集或非聚集索引,但每个数据表上只能存在一个聚集索引,另外,在创建约束时,如 PRIMARY KEY 或 UNIQUE 约束,SQL Server 2014 系统会自动为这些约束列创建聚集索引。

【例 5-2】在数据库 Company 的"产品"表中的"类别 ID"列上创建名为"index_类别 ID"的非聚集索引。

```
USE Company
GO
CREATE NONCLUSTERED INDEX index_类别 ID ON 产品(类别 ID)
```

如果没有指定索引类型,则系统将默认为非聚集索引。

【例 5-3】在数据库 Company 的"产品"表中的"产品 ID"列和"类别 ID"列上创建名为"index_产品类别"的复合索引。

```
USE Company
GO
CREATE NONCLUSTERED INDEX index_产品类别 ON 产品(产品 ID,类别 ID)
```

【例 5-4】在数据库 Company 的"产品"表中的"产品名称"列上创建名为 index_产品名的唯一索引。

```
USE Company
GO
CREATE UNIQUE INDEX index_产品名 ON 产品(产品名称)
```

【例 5-5】为数据库 Company 的"供应商"表创建基于"供应商 ID"列的非聚集索引"index_供应商 ID",其填充因子值为 50。

```
USE Company
GO
CREATE INDEX 供应商 ID ON 供应商(供应商 ID)WITH FILLFACTOR=50
```

FILLFACTOR 即填充因子,用于指定在 SQL Server 2014 创建索引时,各索引页叶级的填满程度。用户指定的填充值 FILLFACTOR 可以从 1 到 100。如果没有指定值,默认值为 0。在数据库表较空时,通常可以指定较小的填充因子,如 50。另外,减少添加记录时可能产生页拆分的情况。

【例 5-6】为数据库 Company 的"产品"表创建基于"产品 ID"列的非聚集索引"index_产品 ID2",其 FILLFACTOR 和 PAD_INDEX 选项值均为 50。

```
USE Company
GO
CREATE INDEX index_产品 ID2 ON 产品(产品 ID)WITH PAD_INDEX,FILLFAC-
TOR=50
```

用户在创建和使用唯一索引时应注意如下事项：

(1)在建有聚集唯一索引的表上执行 INSERT、UPDATE 命令时，SQL Server 会自动检验是否存在重复，如果存在且创建索引时指定了 IGNORE_DUP_KEY 选项，则 SQL Server 会发出错误消息，同时忽略该重复数据；如果没有指定 IGNORE_DUP_KEY，则 SQL Server 会发出警告消息，同时撤销整个 INSERT 语句。

(2)组合列相同但组合顺序不同，系统识别为不同的复合索引。

(3)创建唯一索引时，如果表中已存在数据，则系统将自动检验是否存在重复的值，若存在，则创建唯一索引失败。

5.2.2　查看索引

1.使用 Microsoft SSMS 图形化工具查看索引

使用 Microsoft SSMS 图形化工具查看索引的步骤如下：

(1)在"对象资源管理器"窗口中打开索引所在的表，单击鼠标右键，选择"设计"命令，进入表设计器。

(2)在"表设计器"中打开"索引/键"对话框，如图 5-4 所示，可以查看该表所有创建的索引，选中某个索引后还可以进一步了解该索引的具体定义。

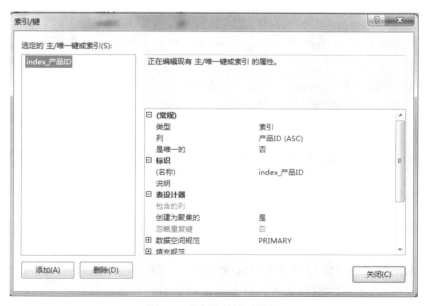

图 5-4　"索引/键"对话框

2.使用 Transact-SQL 语句查看索引

利用系统存储过程 sp_helpindex 可以获得一张数据表或视图上的所有索引。其语法如下：

> sp_helpindex[@objname=]' name ';

其中，参数' name '用于指定当前数据表或视图的名称。该存储过程结果集的形式输出指定数据表或视图上的所有索引。结果集包含 3 个列：

index_name：返回索引名。

index_description：返回索引说明，如是否是聚集索引、唯一索引等信息，其中包括索引所在的文件组。

index_keys：返回对其生成索引的列。

【例 5-7】查看数据库 Company 中的产品表的所有索引信息。

> USE Company
> GO
> sp_helpindex '产品';

当前数据库中的所有索引都保存在目录视图 sys.indexes 中，因此通过查询该表可以获得当前数据库中所有索引的详细信息。

【例 5-8】查看数据库 Company 中所有索引的详细信息。

> USE Company
> GO
> SELECT * FROM sys.indexes

系统函数 sys.dm_db_index_usage_stats 可以显示不同索引的使用情况，如操作的次数、操作的时间。

【例 5-9】查看数据库 Company 中索引的使用信息。

> USE Company
> GO
> SELECT * FROM sys.dm_db_index_usage_stats

5.2.3 修改与维护索引

索引创建完成后，可用"对象资源管理器"和修改索引的命令 ALTER INDEX 来对其进行维护。

1.使用 Microsoft SSMS 图形化工具修改与维护索引

使用 Microsoft SSMS 图形化工具修改与维护索引的具体步骤：

(1)从"开始"菜单上选择"程序"— Microsoft SQL Server 2014 — SQL Server Management Studio 命令。

(2)进入"对象资源管理器"，找到要查看的表，选择"索引"选项，会看到该表中已存在的所有索引。双击某一索引,可在跳出页面上修改该索引的类型、键列等,如图 5-5 所示。

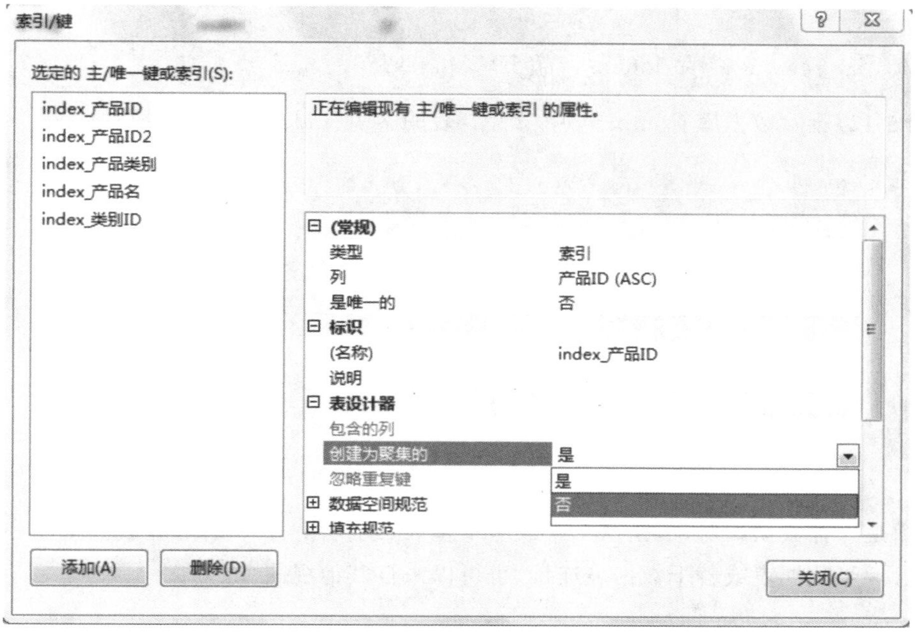

图 5-5　"修改索引"页

2.使用 Transact-SQL 语句修改与维护索引

【例 5-10】用系统存储过程 sp_helpindex 查看"产品"表的所有索引信息。

```
USE Company
GO
EXEC sp_helpindex 产品
```

运行后可以看到如图 5-6 所示的查询结果。其结果描述了索引的名称、详细描述、所在列等。

	index_name	index_description	index_keys
1	index_产品ID	clustered located on PRIMARY	产品ID
2	index_产品ID2	nonclustered located on PRIMARY	产品ID
3	index_产品类别	nonclustered located on PRIMARY	产品ID. 类别ID
4	index_产品名	nonclustered, unique located on PRIMARY	产品名称
5	index_类别ID	nonclustered located on PRIMARY	类别ID

图 5-6　【例 5-10】的查询结果

【例 5-11】将数据库 Company 中"产品"表的"index_产品 ID"索引名称更改为"index_产品编号"。

```
USE Company
GO
EXEC sp_rename '产品.index_产品 ID','index_产品编号'
```

【例 5-12】删除数据库 Company 中"产品"表的索引"index_产品编号"。

```
USE Company
GO
DROP INDEX 产品.index_产品编号
GO
```

5.3 视图概述

视图是一种数据库对象,是从一个或多个基表(或视图)中导出的虚表。视图中的数据可以来自一张数据表或若干数据表连接,也可以来自其他视图。

5.3.1 视图的概念

视图是一个虚拟的表,它是执行一个查询语句后所得到的查询结果,是从数据库中一个或者多个表中导出的虚表。另外,视图可以在已有视图的基础上进行定义。之所以称为虚表,是因为视图中的数据并没有像表那样在数据库中存储,人们通过视图看到的数据仍然存放在基本表中,看到的字段和记录是源自其他被引用的表或视图,并非真实存在。视图创建完成后,对其的操作方式与表是一样的,可以像表那样进行查询、修改、删除。因为视图中的数据存在于被引用的数据表中,所以当被引用表中内容发生变化时,视图中的内容也随之改变。

5.3.2 视图的优缺点

视图具有下列优点:

(1)简化用户的数据查询和处理操作。有时用户所需要的数据来自不同的多张表或视图中,而视图可将它们收集起来供用户直接查询和处理。

(2)屏蔽数据库的复杂性。用户无须了解具体的数据库表结构,而且数据库表的变化不影响到用户对数据库的使用。

(3)简化权限管理。将用户的操作内容设置为视图,并将视图权限授予用户,限制了用户对表的访问,增加了数据库的安全性。

(4)数据共享。每个用户不必都存储属于自己的数据,同样的数据在视图中存储一次即可。

(5)方便重新组织数据,并将结果输出到其他应用程序。

但视图也有其自身的缺点,这主要体现在:

（1）相对低效。视图在本质上是命令的集合，对视图进行操作时，除了要执行键入的 SQL 查询语句，还需执行视图本身的命令。

（2）有限的更新操作。视图主要是用于查询，对更新操作有不少限制。可更新的视图要求其基表是单表（更新操作不能同时涉及两张以上的基表），而且定义视图的 SELECT 语句中不能有 GROUP BY 或 HAVING 子句。此外，如果查询语句中包含聚集函数、计算列或 DISTINCT 子句，相应的视图也不能更新。

5.4　视图的操作

对视图进行创建、查看、修改、删除等操作，可以使用 SSMS 图形化工具和 Transact-SQL 语句两种方法。使用视图时要注意以下几点：

（1）视图命名必须遵循标识符命名规则，不能与表同名。

（2）与表相区别，不能在视图上定义规则、默认值、触发器等。

5.4.1　创建视图

SQL Server 2014 提供了两种方法创建视图：一种是 Microsoft SSMS 图形化工具，另一种是 Transact-SQL 语句中的 CREATE 命令。

1.使用 Microsoft SSMS 图形化工具创建视图

使用 Microsoft SSMS 图形化工具创建视图的步骤如下：

（1）从"开始"菜单上选择"程序"— Microsoft SQL Server 2014 — SQL Server Management Studio 命令。

（2）在"对象资源管理器"中展开服务器，双击 Company 数据库，选择"视图"项，单击鼠标右键，从弹出的快捷菜单中选择"新建视图"命令，如图 5-7 所示。

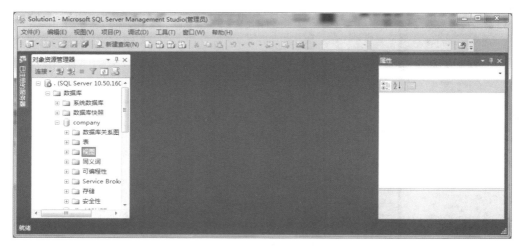

图 5-7　"新建视图"窗体

（3）在"添加表"对话框中，选择视图需要用到的表、视图、函数、同义词，如图 5-8 所示。

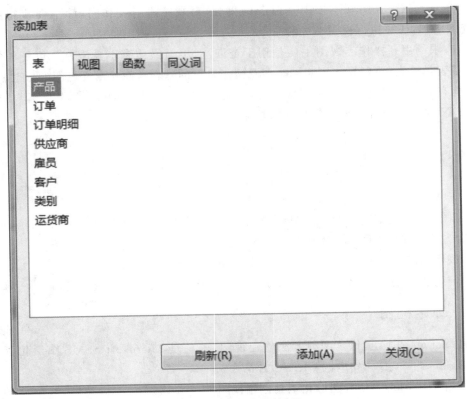

图 5-8 "添加表"对话框

（4）在视图设计界面完成视图定义，完成后输入视图名称保存即可，如图 5-9 所示。

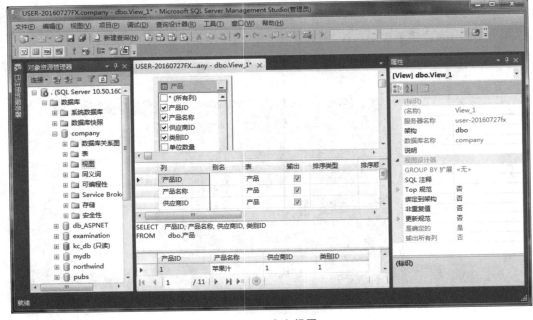

图 5-9 定义视图

2.使用 Transact-SQL 语句创建视图

使用 CREATE VIEW 命令创建视图,语法格式如下:

```
CREATE VIEW[schema_name.] view_name[(column[,…n])]
                                        --定义架构名.视图名、列名
[WITH <view_attribute>[,…n]]
AS select_statement[;]           --查询语句
[WITH CHECK OPTION]      --强制执行修改语句时,必须符合查询语句中设置的条件

<view_attribute> ::=
{  [ENCRYPTION]          --加密
   [SCHEMABINDING]      --绑定架构
   [VIEW_METADATA] }  --返回有关视图的元数据信息
```

CREATE VIEW 语句的参数如下:

schema_name:视图所属架构名。

view_name:视图名称。

column:当视图中的列是算术表达式、函数或常量派生而来,或者需要与原表的列名不同时,才需要自定义列名。

select_statement:决定视图数据来源的查询语句。

WITH CHECK OPTION:对视图执行数据更新语句时,更新后的数据必须满足在 select_statement 中设置的条件才可。

ENCRYPTION:加密视图定义。

SCHEMABINDING:将视图绑定到基础表的架构。

VIEW_METADATA:SQL Server 实例将返回有关视图的元数据信息。

【例 5-13】使用 CREATE VIEW 语句创建一个基于产品表的视图"产品_view",该视图要求查询输出所有产品的产品 ID、供应商 ID 和产品名称,并要对该视图进行加密,不允许查看该视图的定义语句。

```
USE[Company]
GO
CREATE VIEW 产品_view
WITH ENCRYPTION
AS
SELECT 产品 ID,供应商 ID,产品名称
FROM 产品
GO
```

【例 5-14】创建视图"产品_view2",查询所有供应商提供且库存量超过 20 的产品情况,要求显示供应商 ID、公司名称、产品名称、单价和库存量。

```
USE[Company]
GO
CREATE VIEW 产品_view2
AS
SELECT 供应商.供应商 ID,公司名称,产品名称,单价,库存量
FROM 供应商 INNER JOIN 产品
ON 供应商.供应商 ID＝产品.供应商 ID AND 库存量＞20;
GO
```

【例 5-15】创建视图"产品华达_view",包括供应商"华达"提供的各个产品名称、单价和库存量,且要保证对该视图的修改都符合公司名称是"华达"这个条件。

```
USE[Company]
GO
CREATE VIEW 产品华达_view WITH ENCRYPTION
AS
SELECT 产品名称,单价,库存量
FROM 供应商 INNER JOIN 产品
ON 供应商.供应商 ID＝产品.供应商 ID AND 公司名称＝'华达';
WITH CHECK OPTION
GO
```

【例 5-16】创建统计各个供应商供货数量情况视图,视图名称为"供货总量_view",视图内容要求按供应商分类计算每个公司供货产品的数量总和,视图运行显示公司名称和供货总量两列。

```
USE[Company]
GO
CREATE VIEW 供货总量_view
AS
SELECT 公司名称,SUM(库存量)AS 供货总量
FROM 供应商 INNER JOIN 产品
ON 供应商.供应商 ID＝产品.供应商 ID GROUP BY 公司名称;
```

5.4.2　查看视图

视图定义后,用户可以使用 SSMS 图形化工具查看视图定义信息:选择要查看的视图,单击鼠标右键并在弹出的快捷菜单中选择"属性"菜单命令,即可查看视图的相关定义。此外,用户也可以利用存储过程来查看视图定义。

【例 5-17】使用 sp_help 存储过程查看视图"供货总量_view"的相关结构信息。

EXEC sp_help 供货总量_view；

在 SQL 编辑器执行该命令，得到结果如图 5-10 所示。

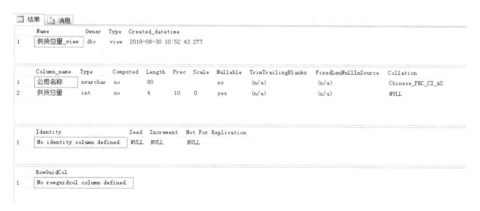

图 5-10　【例 5-17】的运行结果

【例 5-18】使用 sp_helptext 存储过程查看视图"供货总量_view"的定义信息。

EXEC sp_helptext 供货总量_view；

在 SQL 编辑器执行该命令，得到结果如图 5-11 所示。

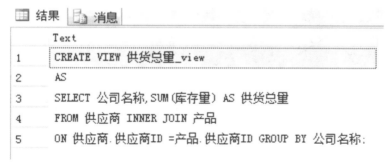

图 5-11　【例 5-18】的运行结果

【例 5-19】查看当前数据库中所有用户定义的视图。

USE[Company]
GO
SELECT name '当前数据库所有视图名称' FROM sys.views；
GO

如果要查看所有数据库中的视图，则可利用下列语句完成：

SELECT name '所有数据库视图名称' FROM sys.all_views；

5.4.3　修改视图

本小节将详细介绍如何通过 SSMS 图形化工具以及利用 ALTER VIEW 语句两种方

法实现修改视图。

1.使用 Microsoft SSMS 图形化工具修改视图

使用 Microsoft SSMS 图形化工具修改视图的步骤如下：

(1)从"开始"菜单上选择"程序"— Microsoft SQL Server 2014 — SQL Server Management Studio 命令。

(2)在"对象资源管理器"中展开服务器，双击 Company 数据库。

(3)右击要修改的视图，在快捷菜单中选择"设计"。

(4)在"视图设计器"窗口中，对视图定义按用户需要进行修改。

2.使用 ALTER VIEW 语句修改视图

使用 ALTER VIEW 语句修改视图的语法格式如下：

```
ALTER VIEW 视图名
[WITH ENCRYPTION]
AS SELECT 语句
[WITH CHECK OPTION]
```

【例 5-20】在查询分析器下建立一个"客户订单视图"，然后通过 ALTER VIEW 语句进行修改，要求该视图修改后去掉显示列客户 ID，并且对视图进行加密。

```
USE[Company]
--先建立视图
CREATE VIEW 客户订单视图
AS
SELECT 订单.订单 ID,客户.客户 ID,联系人姓名,订单明细.产品 ID,订单明细.数量,
公司名称
FROM 订单 INNER JOIN 客户 ON 订单.客户 ID＝客户.客户 ID
INNER JOIN 订单明细 ON 订单.订单 ID＝订单明细.订单 ID
GO
--修改视图
ALTER VIEW 客户订单视图
WITH ENCRYPTION
AS
SELECT 订单.订单 ID,联系人姓名,订单明细.产品 ID,订单明细.数量,公司名称
FROM 订单 INNER JOIN 客户 ON 订单.客户 ID＝客户.客户 ID
INNER JOIN 订单明细 ON 订单.订单 ID＝订单明细.订单 ID
GO
--使用该视图
SELECT * FROM 客户订单视图
--查看该视图,由于已经加密则不能看到定义信息
EXEC sp_helptext 客户订单视图
```

虽然 Microsoft SSMS 图形化工具不能查看被加密的视图,但是并不意味着加密视图就不能被修改,使用 ALTER VIEW 语句可以将加密的视图解密。

【例 5-21】将【例 5-20】创建的视图"客户订单视图"解除加密状态。

```
USE[Company]
--解除视图加密状态
ALTER VIEW 客户订单视图
AS
SELECT 订单.订单 ID,联系人姓名,订单明细.产品 ID,订单明细.数量,公司名称
FROM 订单 INNER JOIN 客户 ON 订单.客户 ID=客户.客户 ID
INNER JOIN 订单明细 ON 订单.订单 ID=订单明细.订单 ID
```

被加密的视图在资源管理器中可以看到一个加锁的标记,如图 5-12 所示,点击该视图无法看到具体定义,运行【例 5-21】的 ALTER VIEW 解除加密后,锁标记去除。

图 5-12 加密视图窗体

5.4.4 删除视图

视图的删除方法与表类似,可通过 Microsoft SSMS 图形化工具或 DROP 语句来实现。删除视图不会影响表的数据,但若删除某个视图,而该视图上已创建了其他的数据库对象,则对该数据库对象调用时将会出错。

1.使用 Microsoft SSMS 图形化工具删除视图

使用 Microsoft SSMS 图形化工具删除视图的步骤如下：

(1)在对象资源管理器中，选中要删除的视图。

(2)单击鼠标右键，在弹出的菜单中选择"删除"命令。

(3)在弹出的"删除对象"窗口中，如图 5-13 所示，点击"确定"按钮，删除完成。

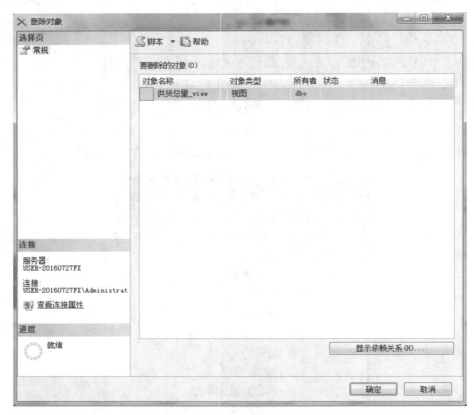

图 5-17 "删除对象"窗口

2.使用 Transact-SQL 语句删除视图

删除视图的语法格式如下：

DROP VIEW 视图名 1,…,视图名 n

使用该语句一次可以删除多个视图。

【例 5-22】在查询设计器下删除视图"客户订购视图 3"。

```
USE[Company]
GO
DROP VIEW 客户订购视图 3
GO
```

5.4.5　通过视图操作数据

对视图进行修改操作包括插入、删除和修改。由于视图是虚表,因此对视图数据的修改实际上是转换为对表数据的修改。为防止用户对不属于视图范围内的基表数据进行修改,在视图定义时可加上 WITH CHECK OPTION 子句。

修改视图数据时要注意以下几点:

(1)修改视图数据时,不能同时修改两个以上的基表。若某视图建立在两个以上基表或者视图之上,则对该视图修改时,每次修改只能影响一张基表。

(2)通过计算得到的字段不能修改。

(3)创建视图时如果使用了 WITH CHECK OPTION 语句,那么视图修改时必须保证更新的数据要满足视图定义中的范围。如果修改超出了视图定义的范围,则系统将拒绝此修改。

(4)视图引用多个表时,不能使用 DELETE 命令来删除数据。

1.通过视图插入数据

【例 5-23】创建一个由 2 号供应商提供的产品视图,视图名称为"产品_供应商 2",然后向该视图中插入一个新的产品记录。

```
USE[Company]
GO
CREATE VIEW 产品_供应商 2
AS
SELECT 产品 ID,产品名称,类别 ID,单位数量,停产
FROM 产品
WHERE 供应商 ID＝2
GO
```

创建视图完成后,运行 INSERT 语句向该视图添加新记录。

INSERT INTO 产品_供应商 2(产品 ID,产品名称,类别 ID,单位数量,停产)VALUES(11,'白砂糖',2,'每箱 10 包',0)

系统在执行此语句时,首先从数据字典中找到产品_供应商 2 的定义,然后把此定义和添加操作结合起来,转换成等价的对产品表的添加。相当于执行以下操作:

INSERT INTO 产品(产品 ID,产品名称,类别 ID,单位数量,停产)VALUES(11,'白砂糖',2,'每箱 10 包',0)

2.通过视图修改数据

【例 5-24】将视图"产品_供应商 2"中盐的单位数量改为"每箱 30 袋"。

UPDATE 产品_供应商 2 SET 单位数量＝'每箱 30 袋' WHERE 产品名称＝'盐'

转换成对基本表的修改操作:

UPDATE 产品 SET 单位数量='每箱 30 袋' WHERE 产品名称='盐' AND 供应商 ID =2

3.通过视图删除数据

【例 5-25】将视图"产品_供应商 2"中盐的信息删除。

DELETE FROM 产品_供应商 2 WHERE 产品名称='盐'

转换成对基本表的删除操作:

DELETE FROM 产品 WHERE 产品名称='盐' AND 供应商 ID=2

视图中的数据是没有相应存储空间的,对视图的一切操作最终都转换成了对表的操作。这样看来似乎更加复杂,那么为什么要使用视图呢?

(1)有利于数据保密。不同用户定义不同的视图,每个用户只能看到与自己相关的数据。例如,对 2 号供应商表创建了"产品_供应商 2"视图,该供应商的公司员工只能使用此视图而无法访问其他供应商的数据。

(2)可以简化查询操作。为复杂的查询建立一个中间视图,用户可以直接在此视图进行查询,而不必编写复杂的查询语句。

(3)保证数据的逻辑独立性。当基本表数据结构发生修改时,只要通过修改视图定义即可,而基于视图的查询可以不用发生变化。这就是通过数据库外模式与模式之间的映像,保证了数据的逻辑独立性。

5.5 本章小结

本章首先介绍了 SQL Server 2014 索引的基本概念及如何通过 SSMS 图形化工具和 SQL 语句方式进行索引的创建、查看、维护等操作。接着介绍了另外一个数据库对象——视图(基本概念、类型和优点等),通过具体的示例详细阐述了视图的创建、修改和删除操作,以及如何通过视图完成数据的查询和更新。视图使得用户能够更加灵活方便地管理和使用数据库中的数据,让用户能更方便地使用查询,同时也增强了数据库系统的安全性。标准视图只是保存视图的定义,对视图的管理可以通过图形化和 SQL 语句两种方式。SQL 语句有关视图的命令有 CREATE VIEW、ALTER VIEW 和 DELETE VIEW。通过视图查询和修改数据实际上是对基本表进行查询和修改。另外,本章介绍的索引与视图涉及的各种 SQL 语句和命令需要读者多加练习才能更好掌握。

第 6 章　存储过程和触发器

存储过程（stored procedure）是一个存储在服务器上的 Transact-SQL 语句集，它是封装重复性工作的一种方法。存储过程支持变量声明、条件执行和复杂的逻辑编程应用，在大型数据库管理系统中能有效提升系统效率。

触发器本质上是一种特殊类型的存储过程，同样可以执行某些特定的 Transact-SQL 语句集，只是触发器是系统自动执行的。SQL Server 包括 3 种常规类型的触发器：数据定义语言（data definition language，DDL）触发器、数据控制语言（data manipulation language，DML）触发器和登录触发器。

本章将详细讨论存储过程和触发器的概念与实例应用。

本章学习目标
➢掌握存储过程概念和类型。
➢掌握存储过程的创建和具体应用。
➢掌握触发器的概念和类型。
➢掌握触发器的创建和具体应用。

6.1　存储过程概述

存储过程是为了完成特定功能而创建的一组 SQL 语句集，用户可以通过存储过程的名字就能调用执行。在 SQL Server 2014 中，用户可以根据实际需要自定义存储过程，还可以把系统提供的系统存储过程作为工具使用。

6.1.1　存储过程的定义与特点

存储过程是数据库系统中实现某特定任务的一组代码，经编译后存储在数据库系统中。存储过程的应用范围很广，可以包含几乎所有类型的 Transact-SQL 语句。

在 SQL Server 中，使用存储过程而不使用客户端本地的 Transact-SQL 程序代码，主要有以下几点好处：

（1）可以强制应用程序的安全性。参数化存储过程可以保护应用程序不受 SQL Injection 的攻击。

（2）存储过程具有安全权限，用户不需要拥有在存储过程中引用对象的权限，只要用户被授予执行存储过程的权限,照样可以访问相应数据库对象。

（3）效率提高。如果一段 Transact-SQL 代码需要被多次执行,那么写成存储过程能提高效率。存储过程是预编译的,在首次运行时,查询优化器对存储过程代码进行分析、优化并保存在系统表执行计划中,下次运行时就可以省去以上步骤。

（4）存储过程创建后可在程序中多次调用,提高了应用程序的可读性和可维护性,促使应用程序可使用统一方式访问数据库。

（5）减少网络堵塞。存储过程可以按名字调用,使得原来可能数千条的 Transact-SQL 代码的操作只需通过一条执行语句就可以执行,大大降低了网络流量。

6.1.2 存储过程的类型

SQL Server 提供了 3 种类型的存储过程。

1.系统存储过程

在 SQL Server 2014 中,很多管理活动都是通过一些特殊的带有 sp_前缀的存储过程来实现的,这些存储过程即系统存储过程。以 sp_为前缀的系统存储过程,通常出现在每个系统定义数据库和用户自定义数据库的 sys 架构中。系统存储过程主要是从系统表中获取信息,从而为系统管理员 SQL Server 提供支持。虽然系统存储过程放在 master 数据库中,但是仍可在其他数据库对其调用,调用时需要在存储过程名前指定数据库名。

2.用户定义存储过程

存储过程是封装了可重用代码的一个模块。存储过程可以有参数也可以没有,带参数的用户定义存储过程接受输入参数,继而运行存储过程并向客户端返回表格或标量结果信息,接着调用数据定义语言（DDL）和数据操作语言（DML）语句,最后返回输出参数。

3.扩展存储过程

扩展存储过程是指 SQL Server 实例可以动态加载和运行的 DLL,这些 DLL 通常是用编程语言（如 C 语言）创建的,使用 xp_前缀。扩展存储过程直接运行于 SQL Server 实例的地址空间中,用户通过扩展存储过程可以创建自己的外部例程,可以使用 SQL Server 扩展存储过程应用程序编程接口（application programming interface,API）完成编程。

6.2 创建和执行存储过程

要使用存储过程,必须先在当前数据库中创建一个存储过程。用户存储过程可以通过 SQL 命令语句或图形化方式来创建。用户所创建的存储过程默认归数据库所有者,当然数据库所有者可以把权限授予其他用户。

6.2.1 创建存储过程

用户可以使用 SSMS 图形化工具创建存储过程,也可以使用 Transact-SQL 语句创建存储过程。

1.使用 Microsoft SSMS 图形化工具创建存储过程

使用 Microsoft SSMS 图形化工具创建存储过程的步骤如下：

（1）在"对象资源管理器"窗口中找到要创建存储过程的数据库，比如 Company，在该数据库中的"可编程性"项中找到"存储过程"，如图 6-1 所示，单击鼠标右键，在弹出的菜单中执行"新建存储过程"。

（2）在弹出的存储过程模板编辑器中修改用户自己的存储过程，如图 6-2 所示。

图 6-1　找到数据库中的"存储过程"项

```
SET ANSI_NULLS ON
GO
SET QUOTED_IDENTIFIER ON
GO
-- =============================================
-- Author:      <Author,,Name>
-- Create date: <Create Date,,>
-- Description: <Description,,>
-- =============================================
CREATE PROCEDURE <Procedure_Name, sysname, ProcedureName>
    -- Add the parameters for the stored procedure here
    <@Param1, sysname, @p1> <Datatype_For_Param1, , int> = <Default_Value_For_Param1, , 0>,
    <@Param2, sysname, @p2> <Datatype_For_Param2, , int> = <Default_Value_For_Param2, , 0>
AS
BEGIN
    -- SET NOCOUNT ON added to prevent extra result sets from
    -- interfering with SELECT statements.
    SET NOCOUNT ON

    -- Insert statements for procedure here
    SELECT <@Param1, sysname, @p1>, <@Param2, sysname, @p2>
END
GO
```

图 6-2　存储过程模板

（3）编辑完后在常用工具栏中点击"分析""调试""执行"按钮，完成对存储过程相应功能的设置，如图 6-3 所示。

图 6-3　常用工具栏按钮

2.使用 SQL 语句创建存储过程

SQL Server 存储过程由 CREATE PROCEDURE 语句来创建。存储过程的定义包括存储过程名、参数的说明和过程体 3 部分，其中参数不是必需部分。其语法格式如下：

```
CREATE PROC[EDURE] procedure_name[;number]
[{@parameter data_type}[VARYING][=default][OUTPUT]][,...n]
[WITH
{RECOMPILE|ENCRYPTION|RECOMPILE,ENCRYPTION}]
[FOR REPLICATION]
  AS sql_statement[...n]
```

参数说明：

procedure_name:新建存储过程名称。过程名称必须符合标识符规则。如果要创建局部临时过程，可以在过程名称前加一个编号符♯；全局临时过程，加两个编号符♯♯。存储过程命名不超过 128 个字符。

number:整数，用来对存储过程分组。DROP PROCEDURE 语句一次可将同组的过程全部删除。

@parameter:参数，是可选项。一个存储过程中可以声明多个参数，执行存储过程时需要提供每个声明参数的值。存储过程最多可定义 2 100 个参数。参数名称以@开头，每个过程的参数仅用于该过程。不同的存储过程可以使用相同的参数名称。

data_type:用于指定参数的数据类型，可以是所有数据类型（包括 char、text、ntext 和 image）。

VARYING:指定作为输出参数支持的结果集，仅适用于游标参数。

default:设定参数的默认值。默认值必须是常量或空值 NULL。如果存储过程对该参数使用 LIKE，则默认值可包含％、_等通配符。

OUTPUT:用来指定返回参数。

n:最多可指定 2 100 个参数。

RECOMPILE|ENCRYPTION| RECOMPILE,ENCRYPTION:RECOMPILE 表明 SQL Server 不会保存该存储过程的计划，每次运行该存储过程都将重新进行编译。ENCRYPTION 表示系统表 syscomments 中所包含的 CREATE PROCEDURE 存储过程定义代码将被加密。

FOR REPLICATION:指定不能在订阅服务器上执行为复制创建的存储过程。

AS:存储过程要执行的操作。

sql_statement:存储过程所包含的 Transact-SQL 语句集。

【例 6-1】创建一个简单的存储过程 product_pro，用于检索产品的产品 ID、产品名称、单位数量、单价和库存量。

```
USE Company   --判断 product_pro 存储过程是否存在,若存在,则删除
IF EXISTS(SELECT name FROM sysobjects
          WHERE name=' product_pro ' AND type=' P ')
  DROP PROCEDURE product_pro
GO
USE Company
GO   --创建存储过程 product_pro
CREATE PROCEDURE product_pro
AS
SELECT 产品 ID,产品名称,单位数量,单价,库存量
FROM 产品
GO
```

在查询分析器中点击常用工具栏中的执行命令,即完成存储过程 product_pro 的创建。

【例 6-2】针对 Company 数据库中产品和供应商两张表,创建一个名为 product_parapro 的带参数的存储过程。该存储过程通过产品类别号和供应商所在城市来查找产品信息。

```
USE Company
IF EXISTS(SELECT name FROM sysobjects
          WHERE name=' product_parapro ' AND type=' P ')
  DROP PROCEDURE product_parapro
GO

CREATE PROCEDURE product_parapro
  @categoryid varchar(2),
  @cityname varchar(20)
AS
SELECT 产品名称,类别 ID,产品.供应商 ID,公司名称,城市
FROM 产品,供应商
WHERE 产品.供应商 ID=供应商.供应商 ID AND 产品.类别 ID=@categoryid
  AND 供应商.城市=@cityname
GO
```

【例 6-3】创建一存储过程 getDetailByName,通过输入参数产品名称(如"白砂糖")筛选出该产品的基本信息,对不存在的产品,则提示"不存在产品名称为(参数名称)的产品资料"。

```
USE Company
GO
CREATE PROCEDURE getDetailByName
@name nvarchar(10)
AS
IF(SELECT COUNT( * )FROM 产品 WHERE 产品名称＝@Name)＞0
    SELECT * FROM 产品 WHERE 产品名称＝@Name
ELSE
    SELECT 警示＝'不存在产品名称为'＋@Name＋' 的产品资料'
```

6.2.2 执行存储过程

存储过程可以使用 SSMS 图形化工具执行,也可以使用 Transact-SQL 语句调用。

1.使用 SSMS 图形化工具执行存储过程

在"对象资源管理器"窗口中找到存储过程所在的数据库 Company,在"可编程性"项中找到"存储过程",选择要执行的存储过程,单击鼠标右键,在弹出的菜单中选择"执行存储过程",如图 6-4 所示。

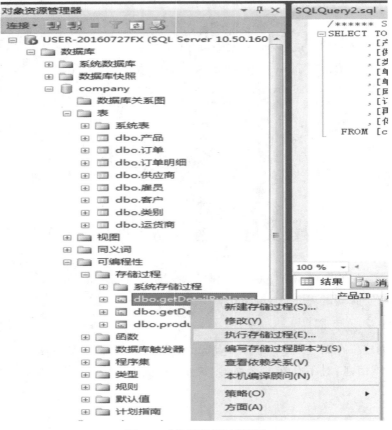

图 6-4 "执行存储过程"项

2.使用 Transact-SQL 语句执行存储过程

使用 EXECUTE 语句可以直接执行存储过程。EXECUTE 语句的语法结构如下：

```
[EXEC|EXECUTE]  {[@returnstatus＝] proce_name [;number]
[@proce_name_var][@parameter＝]{value|@variable[OUTPUT]|[DEFAULT]}
  [,…n]
[WITH RECOMPILE]}
```

语句中的重要参数说明如下：

@returnstatus：执行存储过程的返回值，该值是可选择的整型变量。

@proce_name_var：表示要执行存储过程的名称。

【例 6-4】使用 Transact-SQL 执行【例 6-1】中创建的存储过程"product_pro"。

在查询窗口中输入以下代码：

```
USE Company
GO
EXEC product_pro
GO
```

执行结果如图 6-5 所示。

	产品ID	产品名称	单位数量	单价	库存量
1	1	苹果汁	每箱12瓶	23.00	39
2	2	牛奶	每箱24盒	26.00	17
3	3	蕃茄酱	每箱12瓶	19.00	13
4	4	盐	每箱50袋	22.00	53
5	5	麻油	每箱12瓶	22.00	0
6	6	酱油	每箱12瓶	25.00	120
7	7	海鲜粉	每箱50袋	86.00	15
8	8	胡椒粉	每箱20袋	40.00	6
9	9	鸡肉	每箱10袋	32.00	29
10	10	蟹肉	每箱10袋	95.00	31
11	11	白砂糖	每箱10包	NULL	NULL

图 6-5　【例 6-4】的执行结果

【例 6-5】执行【例 6-2】创建的存储过程"product_parapro"，查询所在城市为北京的供应商提供的类别号为 2 的产品信息。

```
USE Company
GO
EXEC product_parapro 2,"北京"
GO
```

执行结果如图 6-6 所示。

	产品名称	类别ID	供应商ID	公司名称	城市
1	番茄酱	2	1	华达	北京
2	酱油	2	3	宏大	北京

图 6-6 【例 6-5】的执行结果

6.3 存储过程管理

存储过程创建完成后需要对其进行管理与维护,通常包括对其进行查看、修改和删除操作。

6.3.1 查看存储过程

查看存储过程可通过以下 3 种方式实现:

(1)在"对象资源管理器"中可直接查看存储过程定义的 SQL 语句正文信息,具体方法:依次展开数据库—可编程性—存储过程,右击存储过程名称,选择"属性"命令即可查看存储过程的相关信息。

(2)可以通过系统表查看相关存储过程的定义内容。

【例 6-6】通过 sysobjects、syscomments 两张系统表,查询【例 6-1】中所创建的存储过程的 ID 号和存储过程具体的定义代码。

```
USE Company
GO
SELECT o.id,c.text
FROM sysobjects o INNER JOIN syscomments c ON o.id=c.id
WHERE o.type='P' and o.name='product_pro'
```

执行结果如图 6-7 所示。

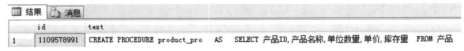

	id	text
1	1109578991	CREATE PROCEDURE product_pro AS SELECT 产品ID,产品名称,单位数量,单价,库存量 FROM 产品

图 6-7 【例 6-6】的执行结果

（3）可以通过 SQL Server 所提供的系统存储过程查看用户自定义存储过程的信息。

【例 6-7】列出数据库 Company 中所有的存储过程。

```
USE Company
GO
sp_stored_procedures
```

【例 6-8】查看存储过程"product_pro"的具体代码定义。

```
sp_helptext product_pro
```

执行结果如图 6-8 所示。

	Text
1	CREATE PROCEDURE product_pro
2	AS
3	SELECT 产品ID,产品名称,单位数量,单价,库存量
4	FROM 产品

图 6-8　【例 6-8】的执行结果

6.3.2　修改存储过程

在 SQL Server 2014 中,依次展开数据库—可编程性—存储过程,右击存储过程名称选择"修改"命令即可对存储过程进行修改操作。此外,也可以使用 ALTER PROCEDURE 命令修改存储过程。ALTER PROCEDURE 语句的语法结构如下:

```
ALTER PROCEDURE pro_name[;version number]
[{@parameter data_type}
[VARYING][=default value][OUTPUT]]
[,...n]
[WITH
{RECOMPILE|ENCRYPTION|RECOMPILE,ENCRYPTION}][FOR REPLICA-
    TION]
AS sql_statement[...n]
```

语句参数说明:

pro_name:表示存储过程名称。

version number:表示版本号。

@parameter:表示存储过程的参数名。一个存储过程支持不超过2 100个参数。

data_type:表示参数的数据类型。

VARYING:指定 OUTPUT 参数支持的结果集,仅用于游标型参数。

default value:表示参数的默认值。

OUTPUT:指定参数为返回参数。

RECOMPILE:存储过程每次执行都要重新编译。

ENCRYPTION:将 syscomments 系统表中存储过程内容加密。

FOR REPLICATION:表示该存储过程只能在复制过程中被执行。

sql_statement:完成存储过程规定任务的 SQL 语句序列集。

【例 6-9】修改存储过程"product_pro",从产品表中把库存量低于 5 的产品筛选出来,便于采购部门进货,并要求该存储过程每次执行都重新编译一遍。

```
USE Company
GO
ALTER PROCEDURE product_pro
WITH RECOMPILE
SELECT 产品 ID,产品名称,单位数量,单价,库存量
FROM 产品
WHERE 库存量<5
```

6.3.3 删除存储过程

在 SQL Server 2014 中,依次展开数据库—可编程性—存储过程,右击存储过程名称,选择"删除"命令即可对存储过程进行删除操作。此外,也可以使用 DROP PROCEDURE 命令删除存储过程。DROP PROCEDURE 语句的语法结构如下:

```
DROP PROCEDURE {procedure_name}[,...n]
```

(1)如果一个存储过程被另一存储过程嵌套调用,那么此存储过程将无法删除。

(2)如果某存储过程调用一个已被删除的存储过程,则系统将提示错误消息。

【例 6-9】删除【例 6-1】中创建的存储过程"product_pro"。

```
DROP PROCEDURE product_pro
```

或

```
DROP PROCE product_pro
```

6.4 创建和管理触发器

除了约束,在数据库表中还可以通过触发器来实现数据的完整性或定义业务规则。触发器定义的代码可以在对数据库表进行操作前后由系统自动触发。

6.4.1 触发器概述

触发器是建立在触发事件上的一种特殊存储过程。触发器的执行过程:在对数据库表

执行 INSERT、UPDATE 或 DELETE 操作时,SQL Server 自动触发相应的事件,进而执行触发器内定义的代码集。触发器中包含了用于定义业务规则的 SQL 代码集,强制用户遵守这些规则,从而确保了数据的完整性。

触发器主要用于实现由主外键不能保证的更复杂的参照完整性和数据一致性。触发器与表或视图名不能分开,它是定义在表或视图之中的,表或视图中数据更新或者数据库对象结构发生变化时触发器才会被触发执行。若表或视图被删除,则建立在它们之上的触发器自然也会被一同删除。触发器具有如下几个特点:

(1)自动执行。区别于存储过程的执行需要用户调用,触发器是通过数据库表更新事件自动执行的。

(2)可对数据库中的相关表进行层叠更改,相比于前台执行代码更安全可靠。

(3)可以强制用户实现比 CHECK 约束更复杂的业务规则。

触发器适合在下列情况下强制实现数据库完整性:

(1)强制实现数据库表间的引用完整性。

(2)当数据库表一次变动多行数据时。

(3)执行级联更新与级联删除操作。

(4)撤销、回滚违反数据库完整性的操作。

6.4.2 触发器的分类

触发器类型有多种,下面对常见的 4 种类型进行介绍,即 AFTER 触发器、INSTEAD OF 触发器、DML 触发器和 DDL 触发器。

1.AFTER 触发器和 INSTEAD OF 触发器

按照触发器被触发的时间,触发器可分为 AFTER 和 INSTEAD OF 两种触发器。执行 INSTEAD OF 触发器可代替触发动作的操作。而 AFTER 触发器是在执行 INSERT、UPDATE 或 DELETE 命令之后执行。AFTER 与 FOR 用法相同,在 SQL Server 的早期版本能使用 FOR。

根据数据库表操作的不同,AFTER 触发器和 INSTEAD OF 触发器又可细分为 INSERT、DELETE 和 UPDATE 3 种情况。当向被定义了触发器的数据库表中添加数据时,INSERT 触发器被执行,本次命令新添加的数据存放在 INSERTED 临时表中;当删除表数据时,DELETE 触发器被执行,本次命令被删除的数据存放在 DELETED 临时表中;当更新数据库表时,UPDATE 触发器被执行,这时 UPDATE 被分解为两个动作:删除旧数据与插入新数据,本次命令被删除的旧数据存放在 DELETED 临时表中,修改后的新数据则存放在 INSERTED 临时表中。

上述的 INSERTED、DELETED 两张临时表由系统自动维护,不需要用户定义,也不允许用户进行修改。

2.DML 触发器和 DDL 触发器

DML 包括 UPDATE、INSERT 和 DELETE 3 个命令。DML 触发器是指数据库中发生 DML 事件时执行的触发器。DML 触发器用于在数据库表发生更新操作时强制执行业务规则以实现数据库完整性。

DDL 主要包括 CREATE、ALTER、DROP、GRANT、DENY、REVOKE 等语句操作。DDL 触发器可用于数据库中执行管理任务，如审核、规范数据库操作。DDL 触发器仅仅在 DDL 事件发生之后才触发，因此它只能作为 AFTER 触发器使用，不能作为 INSTEAD OF 触发器使用。

6.4.3 创建 DML 触发器

触发器的创建方式有使用 SSMS 图形化工具创建和使用 Transact-SQL 语句创建两种。

1.使用 SSMS 图形化工具创建 DML 触发器

在 SQL Server 2014 中，依次展开数据库—表—触发器，右击选择“新建触发器”命令，如图 6-9 所示；接着在触发器模板基础上编辑自定义的触发器内容，如图 6-10 所示；最后点击“执行”按钮即可成功创建。

图 6-9 “新建触发器”选项

```
SQLQuery2.sql - (l...).company (sa (54))
-- =============================================
CREATE TRIGGER <Schema_Name, sysname, Schema_Name>.<Trigger_Name, sysname, Trigger_Name>
   ON  <Schema_Name, sysname, Schema_Name>.<Table_Name, sysname, Table_Name>
   AFTER <Data_Modification_Statements, , INSERT,DELETE,UPDATE>
AS
BEGIN
    -- SET NOCOUNT ON added to prevent extra result sets from
    -- interfering with SELECT statements.
    SET NOCOUNT ON;

    -- Insert statements for trigger here

END
GO
```

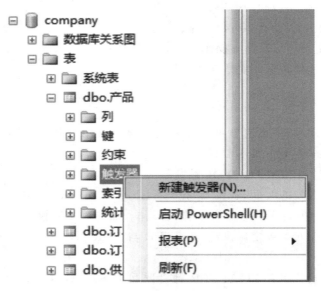

图 6-10 触发器模板

2.使用 Transact-SQL 语句创建 DML 触发器

创建一个触发器,需要给出触发器的名称、触发器所在的数据库表、触发器执行的条件以及触发器要执行的语句序列集。使用 CREATE TRIGGER 命令创建触发器的语法格式如下:

```
CREATE TRIGGER[schema_name.]trigger_name
ON {table|view}
[WITH ENCRYPTION]
{FOR|AFTER|INSTEAD OF}
{[INSERT][,][UPDATE][,][DELETE]}
[WITH APPEND]
[NOT FOR REPLICATION]
AS {sql_statement[;][,...n]|EXTERNAL NAME <method specifier[;]>}
```

各参数的含义如下:

schema_name:表示触发器所属架构。

trigger_name:表示触发器的名称。

table|view:支撑触发器的表或视图。

WITH ENCRYPTION:加密 CREATE TRIGGER 语句文本的代码。

FOR|AFTER:FOR 与 AFTER 同义,指定触发器在指定的操作执行后才激发。所有的引用级联操作和约束检查成功完成后,才执行此触发器。

INSTEAD OF:指定执行触发器而不执行 INSTEAD OF 后对应的操作。每个 IN-SERT、UPDATE、DELETE 语句只能定义一个 INSTEAD OF 触发器。

[INSERT][,][UPDATE][,][DELETE]:指定数据库表执行哪些操作时将激活触发器。INSERT、UPDATE 或 DELETE 3 个操作可指定多个,但至少指定一个。

NOT FOR REPLICATION:当复制进程需要更改触发器所涉及的表时,不执行该触发器。

【例 6-10】创建一个名为"tri_product_upd"的修改触发器,防止用户修改产品表的"供应商 ID"列。

```
CREATE TRIGGER tri_product_upd
ON 产品
FOR UPDATE
AS
IF UPDATE(供应商 ID)
BEGIN
RAISERROR('你不能修改"供应商 ID"列',16,1)
ROLLBACK TRANSACTION
END
GO
```

可以运行以下语句测试该触发器：

UPDATE 产品 SET 供应商 ID＝4 WHERE 供应商 ID＝3

修改语句执行失败，执行结果如图 6-11 所示。

消息

消息 50000，级别 16，状态 1，过程 tri_product_upd，第 23 行
你不能修改"供应商ID"列
消息 3609，级别 16，状态 1，第 17 行
事务在触发器中结束。批处理已中止。

图 6-11　触发器 *tri_product_upd* 的执行结果

【例 6-11】为供应商表创建一个名为"my_trig"的触发器，当用户成功删除该表中的一条或多条记录时，触发器自动删除产品表中与之有关的记录。（要求：创建触发器之前先判断是否有同名的触发器存在，若有则删除。）

```
IF EXISTS(SELECT name FROM sysobjects
WHERE name='my_trig' and type='tr')
DROP TRIGGER my_trig
GO
CREATE TRIGGER my_trig
ON 供应商
FOR DELETE
AS
DELETE FROM 产品
WHERE 供应商 ID in(SELECT 供应商 ID FROM deleted)
GO
```

可以运行以下语句测试该触发器：

DELETE FROM 供应商 WHERE 供应商 ID＝11

删除语句执行成功，两张表都有数据被删除，执行结果如图 6-12 所示。

消息

(1 行受影响)

(1 行受影响)

图 6-12　触发器 *tri_product_upd* 的执行结果

【例 6-12】为数据库 Company 的产品表创建一触发器"check_kc"，检查插入的库存量是否在 0 到 500 之间。

```
USE Company
GO
CREATE TRIGGER check_kc
ON 产品
FOR INSERT,UPDATE
AS
DECLARE @kc int
SELECT @kc＝score FROM inserted
IF @kc＜0 OR @kc＜500
BEGIN
    RAISERROR('库存量必须在 0 到 500 之间！',16,1)
    ROLLBACK
END
GO
```

【例 6-13】在订单明细表创建一触发器，当向订单明细添加一订单记录，将修改产品表的库存量。

```
CREATE TRIGGER OrdDet_Insert
ON 订单明细
FOR INSERT
AS
UPDATE P
SET 库存量＝(P.库存量 － I.数量)
FROM 产品 AS P INNER JOIN inserted AS I
ON P.产品 ID＝I.产品 ID
GO
```

执行以下语句，查看触发器是否创建成功，运行结果如图 6-13 所示，表明触发器创建成功。

```
SELECT name FROM sysobjects WHERE type＝'TR'
```

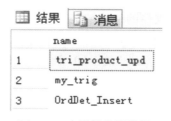

图 6-13　查看触发器结果

执行以下语句,查看订单明细表中触发器信息,运行结果如图 6-14 所示。

sp_helptrigger 订单明细

	trigger_name	trigger_owner	isupdate	isdelete	isinsert	isafter	isinsteadof	trigger_schema
1	OrdDet_Insert	dbo	0	0	1	1	0	dbo

图 6-14 查看订单明细表中触发器信息

触发器运行前查看产品编号为 8 的产品的库存量信息:

SELECT * FROM 产品 WHERE 产品 ID=8

测试触发器,向产品明细表中添加一条产品 ID 为 8 的产品订单:

INSERT INTO 订单明细(订单 ID,产品 ID,单价,数量,折扣)
VALUES(11077,8,40.00,30,0.0)

查看触发器运行后该产品的库存量是否发生变化:

SELECT * FROM 产品 WHERE 产品 ID=8

6.4.4 创建 DDL 触发器

DDL 触发器和 DML 触发器一样,都是基于事件激活的代码集。与 DML 触发器不同的是,DDL 触发器只在 CREATE、ALTER 和 DROP 语句执行时才激发。使用 DDL 触发器可以很方便地控制用户对数据库结构修改以及如何修改的权限,也可以用来追踪数据库表结构发生了哪些变化。下面将介绍 DDL 触发器的创建和使用。

CREATE TRIGGER 创建 DDL 触发器的语法格式如下:

CREATE TRIGGER trigger_name
ON {ALL SERVER|DATABASE}
[WITH ENCRYPTION]
{FOR|AFTER} {event_type }
AS {sql_statement}

各参数的说明:

ALL SERVER:表示 DDL 触发器的作用域是整个服务器。

DATABASE:表示 DDL 触发器的作用域是整个数据库。

event_type:指定激活 DDL 触发器的事件。

【例 6-14】创建名为"Company_trig"的 DDL 触发器,禁止删除数据库中的表。测试是否能够实现相应功能,然后删除该触发器。

```
CREATE TRIGGER Company_trig
ON DATABASE
FOR DROP_TABLE
AS
BEGIN
   PRINT '禁止删除数据库中的表！'
   ROLLBACK；
END
```

执行以下语句测试该触发器：

```
DROP TABLE 产品
```

触发器执行结果如图 6-15 所示，可以看出删除产品表的语句被阻止了。

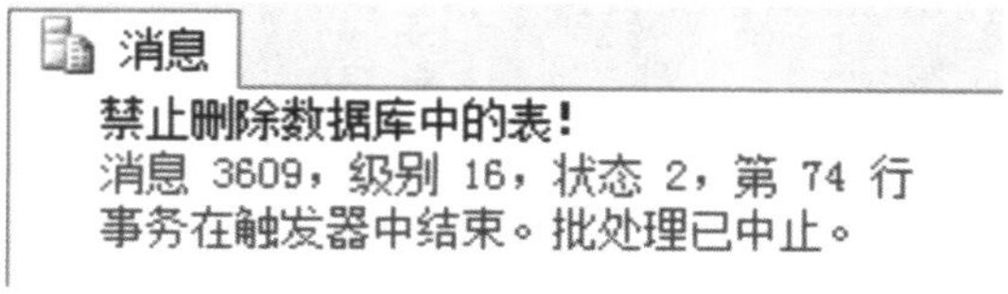

消息
禁止删除数据库中的表！
消息 3609，级别 16，状态 2，第 74 行
事务在触发器中结束。批处理已中止。

图 6-15　触发器执行结果

执行以下语句删除数据库 Company 中的触发器"Company_trig"。

```
DROP TRIGGER Company_trig ON DATABASE
```

【例 6-15】创建名为"server_trig"的 DDL 触发器，禁止在当前服务器中创建或修改数据库。

```
CREATE TRIGGER server_trig
ON ALL SERVER
FOR CREATE_DATABASE，ALTER_DATABASE
AS
BEGIN
   PRINT '禁止在当前服务器中创建或修改数据库！'
   ROLLBACK TRANSACTION
END
```

执行以下语句删除该触发器：

```
DROP TRIGGER server_trig ON ALL SERVER
```

6.4.5　管理触发器

触发器创建后，常见的管理包括查看触发器、修改触发器、删除触发器、禁用或启用触发器。以下将介绍这些触发器管理的具体操作。

117

　　在 SQL Server 2014 的"对象资源管理器"中,依次展开数据库—表—触发器,选择要查看的触发器,单击鼠标右键选择"修改"或"删除"选项即完成相应的操作,如图 6-16 所示。若选择"修改"项,则可看到触发器详细的定义代码。如果需要修改该触发器,则可以在"查询编辑器"窗口中进行操作,然后点击"执行"按钮即可。

　　此外还可以通过 Transact-SQL 语句进行触发器修改,修改触发器的 ALTER TRIGGE 语法与创建触发器的 CREATE TRIGGE 语法类似,这里就不再赘述。

　　【例 6-16】修改【例 6-10】中所创建的"tri_product_upd"触发器,不允许用户修改产品表中"供应商 ID""产品 ID"这两列。

```
ALTER TRIGGER tri_product_upd
ON 产品
FOR UPDATE
AS
IF UPDATE(供应商 ID) OR UPDATE(产品 ID)
BEGIN
RAISERROR('你不能修改"供应商 ID"和"产品 ID 列"',16,1)
ROLLBACK TRANSACTION
END
GO
```

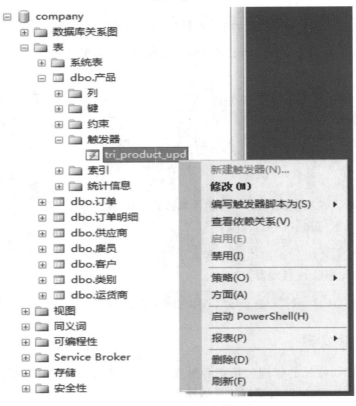

图 6-16　查看触发器

存储过程的名字可以通过系统存储过程 sp_rename 来修改。

【例 6-17】使用系统存储过程 sp_rename 将【例 6-10】中所创建的触发器"tri_product_upd"名字改为"tri_product_updnew",然后将其删除。

sp_rename tri_product_upd,tri_product_updnew

执行 DROP TRIGGER 语句删除该触发器:

DROP TRIGGER tri_product_updnew

触发器在创建后将自动启用,可在"对象资源管理器"中对其进行启用或禁用设置,如图 6-17 所示。当然用户也可以使用 DISABLE TRIGGER 语句禁用该触发器,再次需要时使用 ENABLE TRIGGER 启用它即可。触发器被禁用后,它仍然作为数据库对象存储在当前数据库,但执行 INSERT、UPDATE、DETELE 语句时,触发器是处于失效状态的。

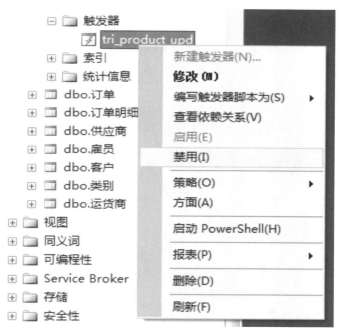

图 6-17　启用、禁用触发器

【例 6-18】禁用数据库 Company 中产品表的触发器"tri_product_upd",测试下是否失效。然后重新启用该触发器,让它重新有效。

执行下列语句让触发器失效:

DISABLE TRIGGER tri_product_upd ON 产品

运行以下语句测试该触发器:

UPDATE 产品 SET 供应商 ID=4 WHERE 供应商 ID=3

供应商 ID 被改,说明触发器已经失效。

ENABLE TRIGGER tri_product_upd ON 产品

6.5 本章小结

存储过程和触发器是 SQL Server 2014 中重要的数据库对象。本章首先讲解了有关存储过程和触发器的一些基础知识,然后讲解了创建存储过程和触发器的实现方法。此外,还讲解了管理存储过程和触发器方面的知识。学生通过本章学习,将学会存储过程和触发器的创建、应用、管理方面的知识,为开发数据库应用程序使用数据库编程做好准备。

第 7 章　数据库安全性与完整性

数据库的安全性和完整性是决定数据库应用系统正常运作的重要因素，也是数据库管理员在设计数据库时必须面对的首要问题。

对企业或组织来说，数据的泄漏或篡改可能会给公司造成巨大的利益损失，因此安全性成为评价数据库系统的重要指标之一。Microsoft SQL Server 2014 系统提供了一整套数据安全的保障机制，包括用户、角色、架构、权限等，有效地实现了对系统访问和数据访问的控制。

数据库中的数据可能来自于不同岗位的繁杂人员的输入，难免存在一些无效或错误数据，因此数据库的完整性控制尤为必要。Microsoft SQL Server 2014 为我们提供了控制数据完整性的机制，比如约束、触发器，本章节主要介绍约束技术。

本章学习目标

➤理解 SQL Server 的安全机制。

➤了解登录和用户的概念。

➤掌握角色管理策略。

➤掌握权限管理策略。

➤掌握约束的类型和应用。

7.1　SQL Server 2014 的安全性机制

安全性是数据库管理系统的重要特征，在实际应用中尤为重要。没有安全性控制保证，轻则导致数据库系统数据丢失，重则可能引起系统崩溃。SQL Server 2014 提供了完善的安全管理机制和手段，将数据库的访问分为不同级别，每个级别都可设置安全性管理控制。

（1）当用户登录到数据库系统，如何确保当前用户是合法的？这是数据库管理系统必须提供的基本功能。SQL Server 2014 系统提供了两种模式的身份验证，即 Windows 身份验证模式和混合模式。

Windows 身份验证模式是默认的身份验证模式。SQL Server 使用 Windows 操作系统中的账户名和密码，Windows 身份验证使用 Kerberos 安全协议，提供密码策略强制、账户锁定支持、支持密码过期等。Windows 身份验证模式比混合模式更安全。

混合模式允许用户使用 Windows 和 SQL Server 两种身份进行验证。Windows 账户连接的用户使用 Windows 验证的受信任连接；而如果使用 SQL Server 账户登录，则须为该账户设置强密码。

（2）用户登录到系统后，可以使用哪些资源，能够执行哪些操作？ SQL Server 2014 系统通过安全对象和权限设置来实现这方面需求。在 SQL Server 2014 系统中，主体和安全对象之间通过权限关联起来，通过验证主体的权限控制主体对安全对象的操作。主体能否对安全对象访问操作，取决于系统判定其是否拥有访问安全对象的权限。

Microsoft SQL Server 2014 系统存在 3 种安全对象，即服务器安全对象、数据库安全对象和架构安全对象。服务器安全对象范围包括端点、SQL Server 登录名和数据库，对于这些安全对象的权限设置将会影响到整个服务器范围；数据库安全对象包括用户、角色、应用程序角色、程序集、消息类型、路由、全文目录、证书、非对称密钥、对称密钥、约定、架构、服务、远程服务绑定等；架构安全对象包括 XML 架构集合、约束、过程、函数、聚合、类型、队列、同义词、统计信息、表、视图等。

（3）数据库中的对象由谁拥有？ 在 SQL Server 2005 之前版本的系统中，数据库对象是由用户直接拥有的，这样当用户被删除时，其所拥有的数据库便成了孤岛。2005 之后的版本做了改进，很好地解决了孤岛现象。在 Microsoft SQL Server 2014 系统中，用户不直接拥有数据库，用户和架构是分离的，架构拥有数据库对象，用户需要通过架构来访问数据库。

7.2 管理登录和用户

SQL Server 2014 支持两种账号：一种是"登录"账号，用来访问服务器；另一种是"用户"账号，用来访问数据库。有了登录账号，就可以访问服务器，如果登录者需要进一步访问服务器中的数据库，则必须还要有用户账号。这好比公司员工上班，需要先经过公司大门门卫验证（使用登录账号），然后再刷卡进入自己的办公室（使用用户账号）。

在 Microsoft SQL Server 2014 中，许多操作都可以通过两种方法实现：SQL 语句和 Microsoft SSMS 图形化工具。通常情况下，许多安全性控制是一次性的，使用 Microsoft SSMS 的图形方式操作更方便些。本章节主要介绍如何使用 Microsoft SSMS 图形化工具。

7.2.1 创建登录名

使用 Microsoft SSMS 图形化工具创建登录名的具体过程：

（1）启动 SSMS，使用 sa 系统管理员或其他超级用户账号登录，在"对象资源管理器"中依次展开数据库实例名—安全性—登录名。

（2）选择"登录名"项，单击鼠标右键，在弹出的菜单中选择"新建登录名"，如图 7-1 所示，输入一个新的服务器的登录名（logina）。

"Windows 身份验证"选项表示新建一个登录 SQL Server 的 Windows 账户，而"SQL Server 身份验证"选项则是创建登录 SQL Server 的新用户。如果勾选"强制实施密码策略"复选框，则必须设定一个密码，否则允许用户是空密码，为了系统的安全不建议使用空密码。"强制密码过期"选项用来管理登录账号密码的使用期限，系统会提醒过期用户设置新密码。选择"用户在下次登录时必须更改密码"项，系统会在用户首次使用新登录名时要求设置新的密码。完成以上操作后,点击"确定"按钮即完成新登录名创建。

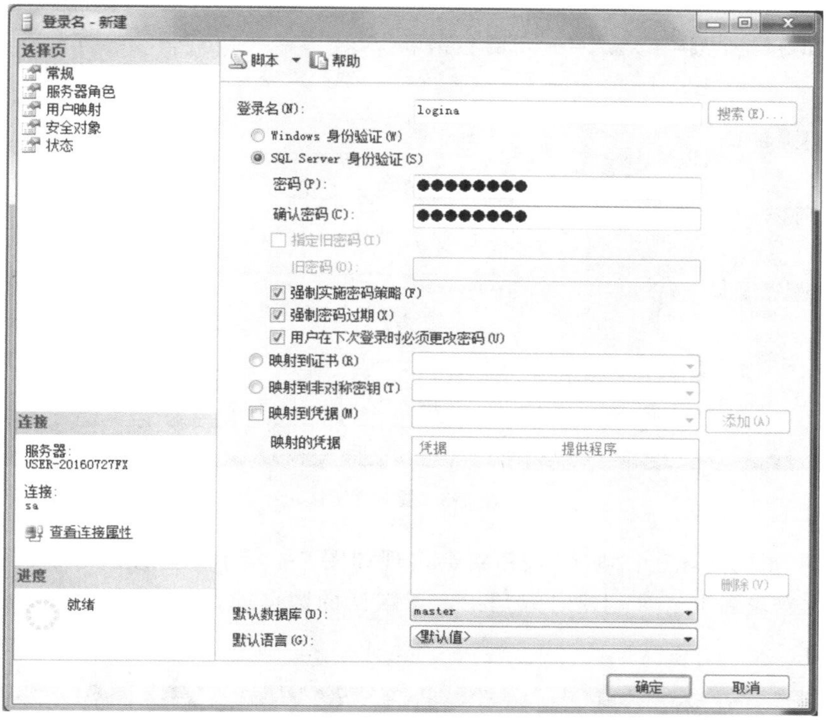

图 7-1　创建新登录

（3）用该登录名连接数据库实例,测试登录账号。打开 SSMS,在"连接到服务器"对话框中输入登录名 logina 和密码,点击"连接"按钮,如图 7-2 所示。由于之前创建账号时选择了"用户在下次登录时必须更改密码"复选框,因此会跳出如图 7-3 所示的"更改密码"对话框。

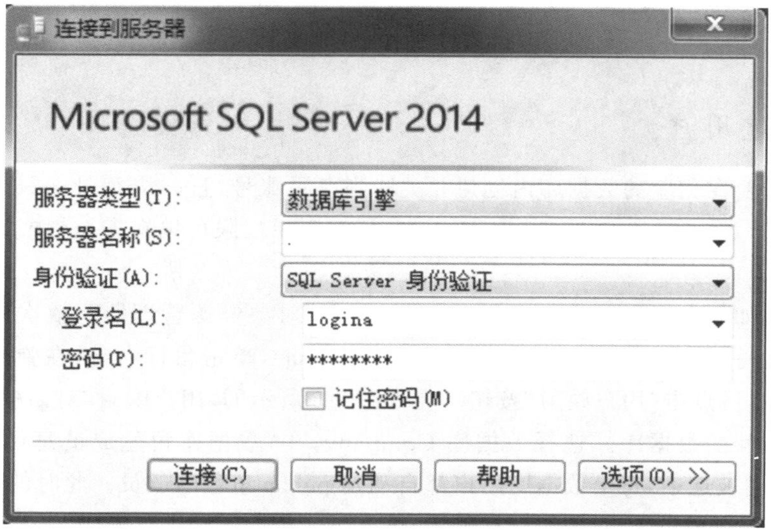

图 7-2　连接到服务器

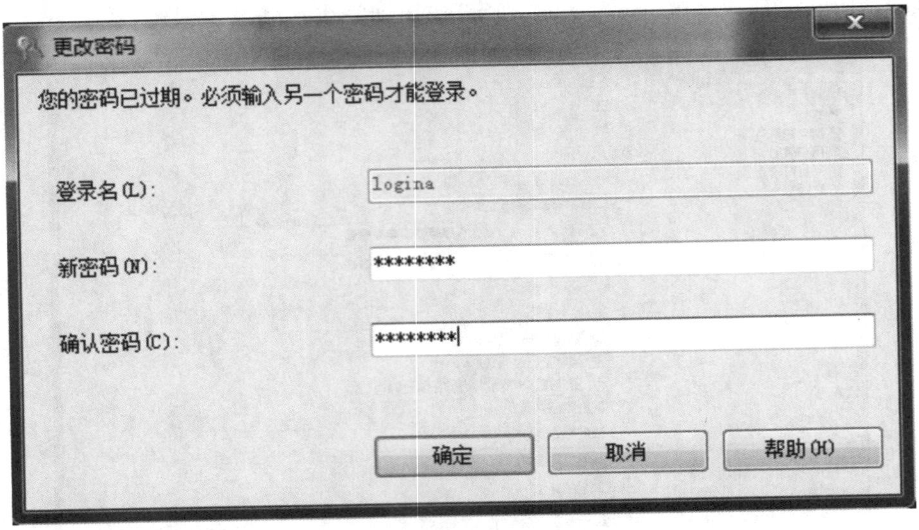

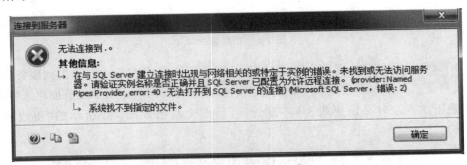

图 7-3　更改密码

设置完新密码后,点击"确定"按钮将会出现如图 7-4 所示的连接服务器失败的错误提示,这是因为登录名 logina 创建时只是指定了默认的数据库,并没有赋予 logina 登录数据库的权限。

图 7-4　连接服务器失败

7.2.2　创建用户

用户名需要在相应的数据库内创建并关联到登录账号,且一个登录名只能与一个数据库用户相关联。在 SSMS 中设置数据库用户,分配用户权限可以在安全性或者相应的数据库中设置。

下面介绍如何在安全性中设置用户权限:打开"对象资源管理器",依次展开数据库实例名—安全性—登录名,选择要设置的登录名(logina),单击鼠标右键,在弹出的菜单中选择"属性"项,然后点击"用户映射"按钮。在如图 7-5 所示的"用户映射"对话框中,设置该登录账户可以访问的数据库。选择数据库 Company,在"数据库角色成员身份"列表框中的"public"会自动被选中,每个数据库用户都自动是 public 角色的成员。此时的 logina 账户登录只是 public 角色成员,拥有的权限有限,如果要访问数据库并进行操作,需要对其赋予更多权限。

图 7-5　用户映射

下面为数据库用户 logina 设置对数据库 Company 中表操作的权限：

（1）启动 SSMS，以系统管理员 sa 账户连接到数据库实例，在"对象资源管理器"中依次展开数据库实例名—数据库—Company—安全性—用户。

（2）选择数据库用户 logina，单击鼠标右键，在弹出的菜单中选择"属性"，弹出"数据库用户"对话框，点击"安全对象"按钮，弹出如图 7-6 所示页面，再点击"搜索"按钮，弹出如图 7-7 所示的"添加对象"对话框。这里我们按默认的"特定对象"选项，点击"确定"按钮。

图 7-6　添加对象

（3）在如图 7-8 所示的"选择对象"对话框中，点击"对象类型"按钮再选择"表"，然后点击"浏览"按钮，在弹出的"查找对象"对话框中选择 logina 用户具体要操作的那些表，如图 7-9 所示。

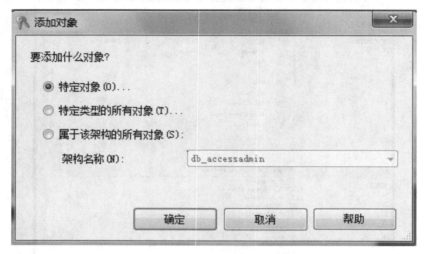

图 7-7　添加对象

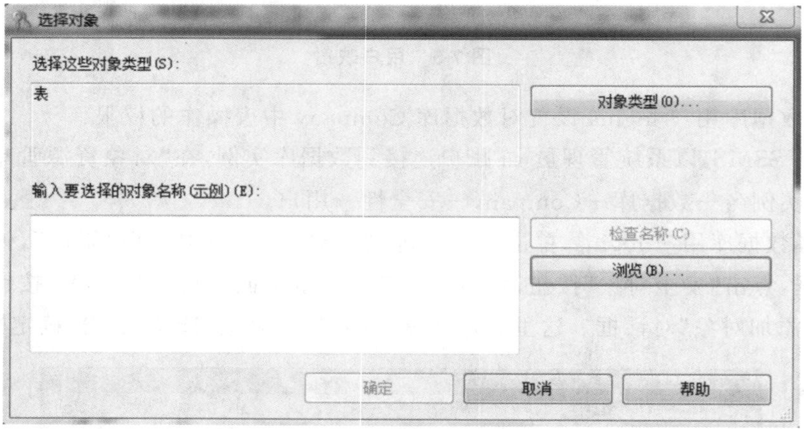

图 7-8　选择对象

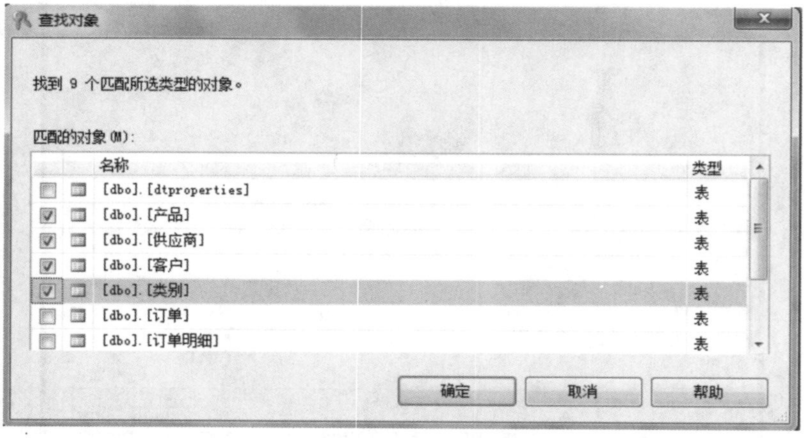

图 7-9　查找对象

（4）此时返回到"安全对象"选项页，如图 7-10 所示。在"安全对象"列表框中，可以看到刚才所添加的表，下方的"dbo.类别的权限"列表框里列出了所有的操作权限。例如，我们为 logina 账号设置对"客户"更新、更改、选择、删除的权限，选择"更新"权限时，可以点击"列权限"按钮，对要操作的列做进一步选择，如图 7-11 所示，最后在"安全对象"选项页中点击"确定"按钮完成权限设置。

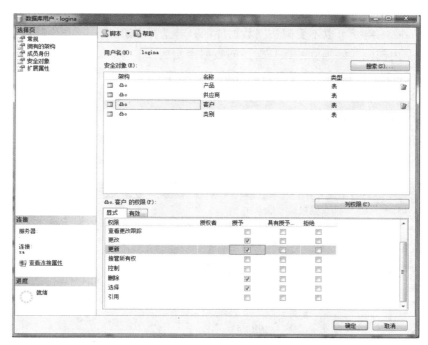

图 7-10　安全对象

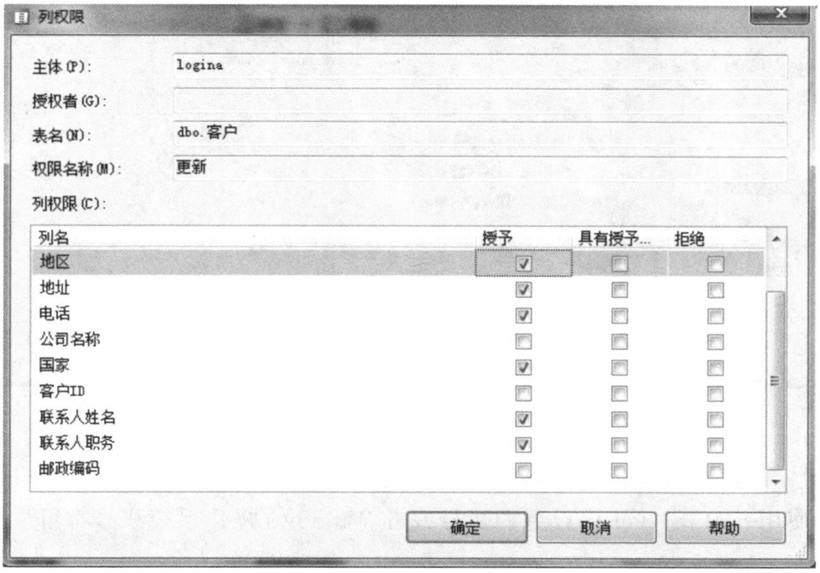

图 7-11　列权限

7.2.3　设置登录验证模式

　　若选择 Windows 身份验证,用户使用 Windows 操作系统中的账号连接 SQL Server。在该种验证模式下,用户登录到 Windows 操作系统,可以直接登录 SQL Server,不必输入账号和密码。但并不是所有 Windows 操作系统的账号都能访问 SQL Server,需要数据库管理员在 SQL Server 中建立与 Windows 账号相对应的访问数据库账号。在 SQL Server 2014 中,默认本地 Windows 组是可以不受限访问数据库的。若选择 SQL Server 身份验证模式,则是使用 SQL Server 内部创建的独立的账号来访问数据库实例。

　　在 SQL Server 2014 中,设置身份验证的方法如下:

　　(1)在"对象资源管理器"中,选择"数据库实例名",单击鼠标右键,在弹出的菜单中点击"属性"项,然后在"选择页"中点击"安全性"按钮。

　　(2)在如图 7-12 所示的"身份验证模式设置"对话框中,可以选择需要的身份验证模式,一种是 Windows 身份验证模式,另一种是 SQL Server 和 Windows 身份验证模式。

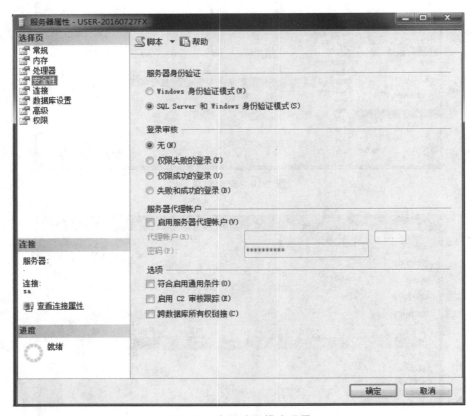

图 7-12　身份验证模式设置

　　(3)设置完成后点击"确定"按钮即可。这里我们选择"SQL Server 和 Windows 身份验证模式",即使用 SQL Server 内设置的账号或者 Windows 操作系统账号都可以访问数据库系统。

7.3　角色管理

　　角色是一种权限管理的方法,角色中的用户都拥有此角色的所有权限,一个数据库用户或登录账户可以同时属于多个角色。数据库的权限分配是通过角色来实现的,数据库管理员首先对角色赋予权限,然后将数据库用户或登录账户加入这些角色,使得他们也拥有角色同样的权限。角色设置可以简化管理员对每一个数据库用户分配权限的烦琐操作,也便于系统的安全管理。在 SQL Server 2014 中,角色分为服务器角色、数据库角色和应用程序角色 3 类。

　　服务器角色包括 9 个,在"对象资源管理器"中可以看到:bulkadmin,拥有执行块操作的权限;dbcreator,拥有创建数据库的权限;diskadmin,拥有修改资源的权限;processadmin,拥有管理服务器连接和状态的权限;public,每个 SQL SERVER 登录名都属于该服务器角色;securityadmin,拥有执行修改登录名的权限;serveradmin,拥有修改端点、资源、服务器状态等权限;setupadmin,拥有修改链接服务器的权限;sysadmin,拥有操作 SQL Server 的所有权限,如图 7-13 所示。

图 7-13　服务器角色

　　数据库角色在 SQL Server 2014 中代表着两个集合：一个是权限的集合，另一个是数据库用户的集合。数据库角色分为固定数据库角色和用户自定义数据库角色，其中固定数据库角色由 SQL Server 2014 系统预先定义好安全管理和对象访问的权限；用户自定义数据库角色则由系统管理员根据现实情况对权限进行灵活分配。

　　与数据库角色不同，应用程序角色是一个数据库主体，它不包含任何成员，允许通过特定应用程序连接的用户访问特定数据。

　　下面通过实例为 logina 账户设置为服务器角色 dbcreator 成员，具体步骤如下：

　　(1)在"对象资源管理器"中以系统管理员账号 sa 连接数据库实例，依次展开数据库实例名—安全性—登录名。

　　(2)选择"logina"选项，单击鼠标右键，在弹出的菜单中选择"属性"，弹出"登录属性"对话框。在"服务器角色"选项页中勾选"dbcreator"，点击"确定"按钮完成操作，如图 7-14 所示。此时以 logina 账户登录 SQL Server 实现了新建数据库操作。

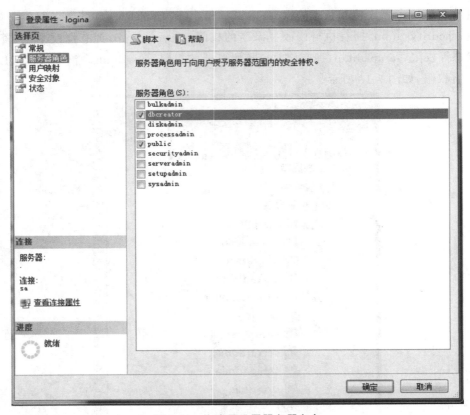

图 7-14　为账号设置服务器角色

7.4　架　构

　　架构是 SQL Server 安全对象的一部分。架构可简单理解成是包含数据表、视图、存储过程等的一个容器。在编程引用数据库对象时，一般采用 4 级引用法，即服务器.数据库.架构.对象名。可以看出，数据库从属于服务器，而架构则从属于数据库，是数据库与表等对象中间一级的数据库对象。架构可以包含很多不同的安全对象，但不能包含其他的架构。架构可包含的对象具体有类型、XML 架构集合、数据表、视图、存储过程、函数、聚合函数、约束、同义词、队列和统计信息。

　　下面通过实例介绍架构的用法。

　　（1）启动 SSMS，以系统管理员 sa 账号连接数据库实例。在"对象资源管理器"中依次展开数据库实例—数据库—Company—安全性—架构。

　　（2）右击"架构"，在弹出的菜单中点击"新建架构"，在弹出的如图 7-15 所示的"新建架构"对话框中输入新架构名称 myschema，点击"确定"按钮。

　　（3）在 Company 数据库中创建一张属于新建架构 myschema 的表 test，即在架构属性中选择 myschema，如图 7-16 所示。

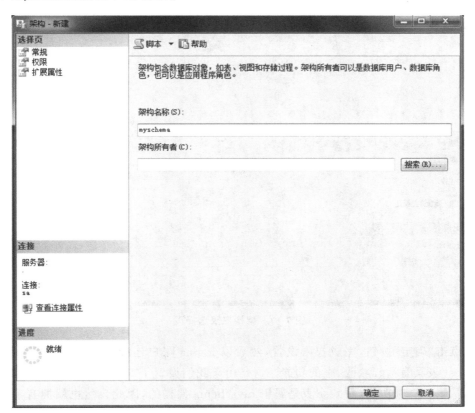

图 7-15　新建架构

图 7-16　架构属性设置

(4)此时以 logina 账户登录,测试其是否具有对表 test 修改表结构或表数据的权限,会发现没有这些操作权限,无法完成。以系统管理员 sa 账号连接数据库实例,依次展开"对象资源管理器"中的数据库实例名—数据库—Company—安全性—架构。

(5)选择"myschema"架构,点击鼠标右键,在弹出的菜单中选择"属性",并在对话框中点击"权限"选择页,如图 7-17 所示。

(6)点击"搜索"按钮,找到 logina 账号,并为其设置对表 test 的更新、更改、选择、删除权限,如同 7-18 所示。

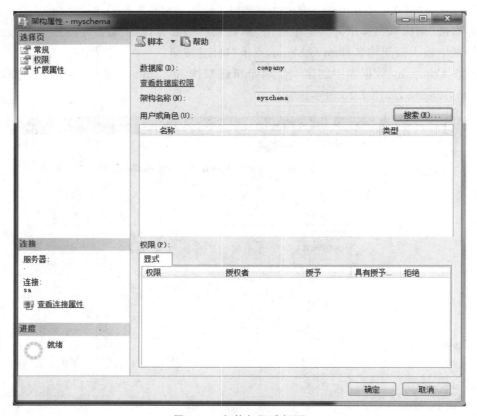

图 7-17　架构权限选择页

(7)点击"确定"按钮,完成权限设置,然后以 logina 账户连接服务器,发现此时 logina 账号对 test 表具有增、删、改、查的功能。这是由于我们设置了 logina 账户对 myschema 架构具有增、删、改、查功能,而 test 表是属于 myschema 架构的,因此自然也就拥有了对该表的操作权限。

7.5　权限管理

权限管理是 SQL Server 2014 安全管理的最后一关。访问权限规定了用户可以对哪些数据库对象行使哪些具体的操作,其中数据库对象包括数据库、表、视图、列(字段)、存储过

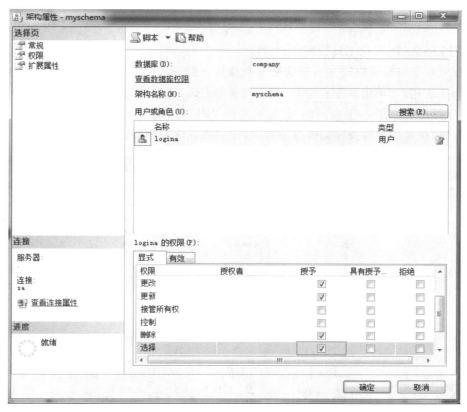

图 7-18　设置权限

程、内嵌表值函数；具体的操作主要包括 SELECT、INSERT、DELETE、UPDATE、EXE-CUTE、CREATE 等。

7.5.1　权限类别

SQL Server 中存在对象权限、语句权限和隐含权限 3 种类型。

1.对象权限

对象权限是指对数据库对象，如表、视图、存储过程等的操作权限。例如，是否允许对这些数据库对象进行 SELECT、INSERT、UPDATE、DELETE、EXECUTE 等操作。

2.语句权限

语句权限是指执行 DDL 时的语句级权限，包括 CREATE DATABASE、CREATE TABLE、CREATE VIEW、CREATE DEFAULT、CREATE PROCEDURE、CREATE RULE、BACKUP DATABASE 等语句。

3.隐含权限

隐含权限是指系统预先定义的权限，如数据库所有者可对其拥有的数据库执行一切操作。服务器角色 sysadmin 拥有在 SQL Server 2014 系统中所有操作的权限。

7.5.2　创建管理权限

1.使用 SSMS 图形化工具管理用户权限

（1）在"对象资源管理器"中，依次展开数据库—Company—安全性—用户，点击要设置权限的 logina 用户，单击鼠标右键，在弹出的菜单中选择"属性"。

（2）在弹出的如图 7-19 所示的"数据库用户权限"对话框中，点击"安全对象"项，再点击"搜索"按钮，就可添加要授权的数据库对象，比如数据库、存储过程、表、视图等。

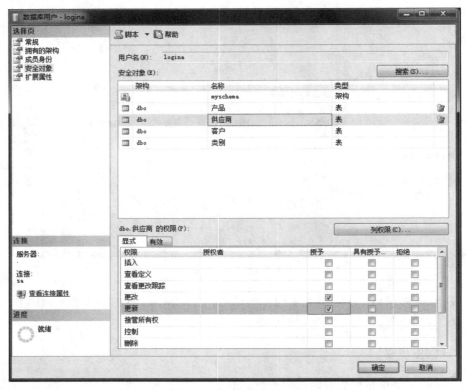

图 7-19　数据库用户权限

（3）在"安全对象"下方的权限列表中设置相应的权限，比如更改、删除等。

（4）点击"列权限"按钮，可以对表或视图等进行更详细的列级权限设置。

此外，若要对数据库角色进行权限设置，则可以参照上述步骤进行设置，步骤基本相同。

2.使用 SSMS 图形化工具管理语句权限

（1）在"对象资源管理器"中，依次展开数据库—Company，然后单击鼠标右键，在弹出的菜单中选择"属性"。

（2）在弹出的如图 7-20 所示的"数据库属性"对话框中，点击"权限"选项，即可对相应用户或角色设置相应的语句权限。例如，图 7-20 中为 logina 分配了创建表、创建规则和创建过程的权限。

图 7-20　数据库属性

3.使用 SSMS 图形化工具管理对象权限

（1）在"对象资源管理器"中，依次展开数据库—Company，找到需要设置权限的对象，比如表、视图、函数、存储过程等，然后单击鼠标右键，在弹出的菜单中选择"属性"。

（2）选择订单表，对话框如图 7-21 所示，然后点击"搜索"按钮，选择需要操作该表的用户或角色。

（3）和前面类似，可在"权限"列表中进行具体的权限分配。

（4）点击"确定"按钮，完成对象权限的设置。

4.使用 SQL 语句管理语句权限

管理语句权限的语法格式如下：

```
GRANT 〔语句名称[,…n]〕TO 用户/角色[,…n]
DENY 〔语句名称[,…n]〕TO 用户/角色[,…n]
REVOKE 〔语句名称[,…n]〕FROM 用户/角色[,…n]
```

其中，语句名称是指对数据库对象的各种操作语句。

提示：非数据库内部操作的语句必须在 master 数据库中才可以执行。

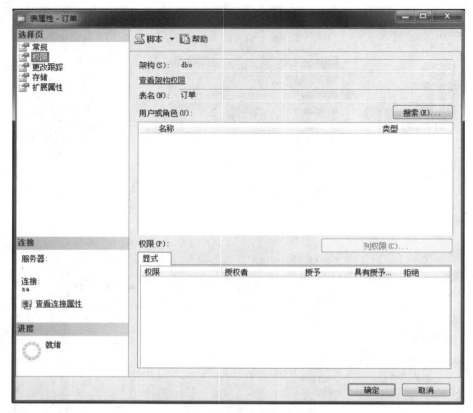

图 7-21　订单表属性

例如,要给用户 logina 授予 CREATE DATABASE 权限,可运行如下命令:

```
USE master
GRANT CREATE DATABASE TO logina
GO
```

5.使用 SQL 语句管理对象权限

管理对象权限的语法如下:

```
GRANT 〈权限名[,…n]〉ON 〈表|视图|存储过程〉TO 用户/角色
DENY 〈权限名[,…n]〉ON 〈表|视图|存储过程〉TO 用户/角色
REVOKE 〈权限名[,…n]〉ON 〈表|视图|存储过程〉FROM 用户/角色
```

其中,权限名是指在数据库对象上的操作命令,比如 INSERT、UPDATE、EXECUTE 等。

例如,要将"产品"表的 INSERT、UPDATE 权限授权给用户 logina,可运行如下命令:

```
USE Company
GRANT INSERT,UPDATE ON 客户信息 TO logina
```

由上可知,数据库的安全控制包含 3 部分内容:

(1)创建数据库服务器的登录名,限制用户对服务器访问。

（2）设置数据库用户，控制用户对数据库的访问。

（3）设置用户对表、视图、列等数据库对象的访问权限，控制用户访问具体内容。

权限的授予方式不是唯一的，对数据库对象访问权限管理灵活性很大，可以通过 SSMS 的图形化方式，也可以通过 Transact-SQL 的语句操作方式，更多关于 SQL 的语句可参见联机帮助文档。

7.6　完整性

SQL Server 2014 提供了一系列实现数据库完整性的机制，最常见的有约束和触发器，其中触发器在第 6 章已经介绍，本小节主要介绍应用约束来实现数据库完整性。

约束是实现数据完整性的有效手段，也是使用最多的完整性技术。约束包括主键（PRIMARY KEY）约束、唯一键（UNIQUE）约束、检查（CHECK）约束、默认值（DEFAULT）约束、外键约束和级联参照完整性约束。这些约束可以在用 Transact-SQL 语句创建表时直接定义，也可以后期添加。

【例 7-1】用 Transact-SQL 语句为"产品"表的字段"产品 ID"设置主键。

```
ALTER TABLE 产品
ADD CONSTRAINT PK_产品 PRIMARY KEY(产品 ID)
GO
```

用 SQL 语句将该主键约束删除：

```
ALTER TABLE 客户信息
DROP CONSTRAINT PK_产品
```

【例 7-2】用 Transact-SQL 语句为"产品"表的"停产"字段设置一个 DEFAULT 默认值约束，默认值为"0"，表示该产品为在产状态，然后添加一个新产品测试默认值效果。

```
ALTER TABLE 产品
ADD CONSTRAINT DEF_停产 DEFAULT 0 FOR 停产
INSERT 产品 VALUES(20,'芝麻油',2,2,'每箱 12 瓶',12.00,44,4,15,DEFAULT)
```

【例 7-3】用 Transact-SQL 语句将"产品"表中的"产品名称"列设置为不可重复值，即在"产品"表中不允许出现相同的"产品名称"。

```
ALTER TABLE 产品
ADD CONSTRAINT UN_产品 UNIQUE(产品名称)
```

【例 7-4】用 Transact-SQL 语句为"产品"表的"单价"列设置 CHECK 约束，要求单价的取值范围在 0～200 之间。

```
ALTER TABLE 产品
ADD CONSTRAINT CK_产品
CHECK([单价]>=0 and [单价]<=200)
GO
```

注意：如果此时表中已有存在违反该规则的数据，则约束创建失败，此时可以修改表数据后再运行该语句；或者可以在创建约束时使用 NOCHECK 忽略现有的数据。

```
ALTER TABLE 产品
WITH NOCHECK ADD
ADD CONSTRAINT CK_产品
CHECK([单价]>=0 and [单价]<=200)
GO
```

【**例 7-5**】用 Transact-SQL 语句为"订单明细"表"产品 ID"列上创建一个外键，使得"订单明细"表和"产品"表之间存在相互参照的关系。

```
ALTER TABLE 订单明细
ADD CONSTRAINT FK_订单明细_产品 FOREIGN KEY(产品 ID)REFERENCES
  产品(产品 ID)
GO
```

7.7 本章小结

本章首先介绍了 SQL Server 2014 的安全性机制，接着介绍了数据库系统登录、数据库用户管理、角色管理、权限分配等知识，最后对实现数据库完整性的重要手段——约束做了介绍，因为数据的完整性能够有效确保数据库中数据的一致性与正确性，主要通过具体实例使读者更容易熟悉约束的定义与应用。学生通过本章的学习，能提高数据库安全意识，并掌握一般的数据库安全策略。

参考文献

[1]胡致杰,胡羽沫,李代平.数据库系统原理及应用课程设计与实验指导[M].北京:清华大学出版社,2018.

[2]黄章树,吴海东.数据库原理及应用综合实践教程[M].北京:高等教育出版社,2014.

[3]贾铁军.数据库原理及应用——SQL Server 2016[M].北京:机械工业出版社,2018.

[4]李锡辉,王樱,赵莉.SQL Server 2016 数据库案例教程[M].2 版.北京:清华大学出版社,2018.

[5]史令,王占全.数据库技术与应用教程[M].北京:清华大学出版社,2018.

[6]王珊,萨师煊.数据库系统概论[M].5 版.北京:高等教育出版社,2014.

[7]杨海艳,余可春,冯理明,等.数据库系统开发案例教程(SQL Server 2008)[M].北京:清华大学出版社,2018.

[8]赵明渊.数据库原理与应用教程——SQL Server 2014[M].北京:清华大学出版社,2018.

[9]周爱武,汪海威,肖云周.数据库课程设计[M].2 版.北京:机械工业出版社,2018.

图书在版编目(CIP)数据

数据库原理及应用/王智明,车艳主编. —厦门:厦门大学出版社,2019.4
校企(行业)合作系列教材
ISBN 978-7-5615-7326-6

Ⅰ.①数…　Ⅱ.①王…②车…　Ⅲ.①数据库系统—教材　Ⅳ.①TP311.13

中国版本图书馆 CIP 数据核字(2019)第 057689 号

出 版 人	郑文礼	
责任编辑	李峰伟	
出版发行	厦门大学出版社	
社　　址	厦门市软件园二期望海路 39 号	
邮政编码	361008	
总 编 办	0592-2182177　0592-2181406(传真)	
营销中心	0592-2184458　0592-2181365	
网　　址	http://www.xmupress.com	
邮　　箱	xmupress@126.com	
印　　刷	厦门市金凯龙印刷有限公司	
开本	787 mm×1 092 mm　1/16	
印张	9.25	
插页	1	
字数	220 千字	
版次	2019 年 4 月第 1 版	
印次	2019 年 4 月第 1 次印刷	
定价	35.00 元	

厦门大学出版社　　　厦门大学出版社
微信二维码　　　　　微博二维码